AF389105

MANUEL

D'ANALYSE CHIMIQUE

QUALITATIVE.

MANUEL

D'ANALYSE CHIMIQUE

QUALITATIVE

PAR

Le Dr F. BEILSTEIN,

Professeur à l'Institut Impérial technologique de St.-Petersbourg.

———

TRADUCTION FRANÇAISE

Publiée avec autorisation de l'auteur, sur la cinquième édition allemande,

PAR

MM. A. ET P. BUISINE.

———

LILLE,

ÉLIE MASSON, LIBRAIRE-ÉDITEUR,

RUE DES ARTS, 63.

1882.

POIDS ATOMIQUES   H = 1.

I	II	III	IV	V	VI	VII	VIII
Li = 7,01	Be = 9,09	Bo = 10,94	C = 11,97	Az = 14,02	O = 15,96	Fl = 18,98	
Na = 23	Mg = 23,96	Al = 27,01	Si = 28,2	Ph = 30,96	S = 31,98	Cl = 35,37	
K = 39,02	Ca = 39,99	Sc = 43,98	Ti = 49,85	Vd = 51,26	Cr = 52,01	Mn = 53,94	Fe = 55,91
Cu = 63,17	Zn = 64,91	Ga = 68,85	—	As = 74,92	Se = 78,8	Br = 79,77	Ni = 57,93
							Co = 58,89
Rb = 85,25	Sr = 87,37	Yt = 89,82	Zr = 89,37	Nb = 94	Mo = 95,53	—	Rh = 104,06
							Ru = 104,22
Ag = 107,68	Cd = 111,77	In = 113,4	Sn = 117.7	Sb = 119,96	Te = 127,96	I = 126,56	Pd = 105,74
Cs = 132,6	Ba = 136,76	La = 138,53	Ce = 140,42	Di = 146,18	Tb = 148,8	—	
—	—	—	—	Er = 165,89	—		
—	—	Yb = 172,76	—	Ta = 182 14	W = 183,61	—	Ir = 192,65
							Pt = 194,42
Au = 196,16	Hg = 199,71	Tl = 203,72	Pb = 206,47	Bi = 207,52	Ng = 214	—	Os = 198,49
—	—	—	Th = 233,41	—	Ur = 238,48	—	

MANUEL
D'ANALYSE CHIMIQUE
QUALITATIVE.

PREMIÈRE PARTIE.

EXEMPLES.

I. — **Chlorure de Sodium**.   Na Cl.
(SEL MARIN).

1° Chauffé dans un tube fermé à une extrémité (¹) le chlorure de sodium décrépite puis fond à une température plus élévée.

2° Placé sur un fil de platine (²) à la partie exté-

---

(1) Pour chaque série d'essais, les tubes doivent être nettoyés, puis lavés à l'eau distillée. Si des corps solides doivent être chauffés dans les tubes, il faut, de plus, les sécher avec soin. On sèche les tubes de verre en les chauffant au-dessus d'une flamme et en y insufflant en même temps de l'air, au moyen d'un tube de verre plongeant jusqu'au fond.

(2) L'extrémité du fil de platine est recourbée en crochet; cette partie est mouillée et ensuite plongée dans la substance

rieure de la flamme d'un brûleur à gaz ou dans la flamme oxydante d'un chalumeau il colore la flamme en jaune. Si on éclaire avec cette flamme jaune un cristal de bichromate de potasse ou un papier enduit d'iodure rouge de mercure ($Hg\,I^2$) le cristal et le papier paraissent blancs. La teinte jaune de la flamme disparaît si on la regarde à travers un prisme indigo (voir V, 3.)

Le sel marin se dissout facilement dans l'eau. La solution est neutre au papier de tournesol ; elle donne les réactions suivantes :

3° Le nitrate d'argent, ($AzO^3\,Ag$), un précipité blanc, caséeux de chlorure d'argent ($AgCl$), soluble dans l'ammoniaque, mais insoluble dans l'acide nitrique. La solution ammoniacale de chlorure d'argent, acidulée par l'acide nitrique, précipite de nouveau. Le précipité prend une teinte violette à la lumière.

4° Le nitrate mercureux, $(AzO^3)^2\,Hg^2$, un précipité blanc de calomel ($Hg^2\,Cl^2$) insoluble dans l'acide nitrique et qui noircit par l'addition d'ammoniaque.

$$Hg^2\,Cl^2 + 2\,(AzH^3) = Az^2\,Hg^2\,H^6.\,Cl^2.$$

5° L'acétate de plomb, $(C^2\,H^3\,O^2)^2\,Pb$, un précipité blanc cristallin de chlorure de plomb $PbCl^2$, insoluble dans l'ammoniaque. Ce précipité est soluble dans beaucoup d'eau bouillante et la solution laisse déposer par refroidissement des cristaux en aiguilles de chlorure de plomb.

6° L'acide sulfurique concentré, versé sur le sel marin, donne, avec effervescence, un dégagement de vapeurs piquantes d'acide chlorhydrique.

II. — Carbonate de Soude. $CO_3 Na_2 + 10 H_2O$.

1° Le carbonate de soude chauffé dans le tube dégage de l'eau.

2° Il colore la flamme en jaune (voir I, 2).

3° Il est soluble dans l'eau. La solution a une réaction alcaline et fait effervescence par l'addition d'acide chlorhydrique.

III. — Sulfate de Soude. $SO_4 Na_2 + 10 H_2O$.

(SEL DE GLAUBER.)

1° Chauffé dans le tube le sulfate de soude dégage de l'eau.

2° Il donne à la flamme une coloration jaunâtre.

3° Chauffé sur le charbon dans la flamme de réduction du chalumeau, il donne du sulfure de sodium Na_2S. — La masse fondue, enlevée du charbon, est placée sur une pièce d'argent bien brillante et humectée avec quelques gouttes d'eau. Il se forme sur la pièce de monnaie à l'endroit recouvert par le sulfure de sodium une tache noire de sulfure d'argent Ag_2S.

La solution aqueuse, neutre, donne les réactions suivantes :

4° Le chlorure de baryum, ($BaCl^2$), un précipité blanc de sulfate de baryte, $SO^4 Ba$, insoluble dans les acides.

5° L'acétate de plomb, un précipité blanc de sulfate de plomb, $SO^4 Pb$, insoluble dans les acides. Le précipité noircit par l'addition d'une solution d'hydrogène sulfuré.

$$SO^4 Pb + H^2 S = PbS + SO^4 H^2.$$

IV. — Chlorhydrate d'Ammoniaque.
$$AzH^4 Cl.$$
(SEL AMMONIAC).

1° Chauffé dans le tube ou sur le charbon, le sel ammoniac se sublime sans fondre.

La solution aqueuse, saturée, donne les réactions suivantes :

2° Le chlorure de platine, $PtCl^4$, un précipité jaune cristallin de chlorure double: $PtCl^4 (AzH^4 Cl)^2$.

3° Le nitrate d'argent, un précipité blanc de chlorure d'argent (voir I, 3).

4° Le bitartrate de soude, ($C^4 H^4 O^6 NaH$), un précipité blanc cristallin de bitartrate d'ammoniaque ($C^4 H^4 O^6 . AzH^4 . H$), soluble dans beaucoup d'eau et dans l'ammoniaque.

5° Si on ajoute de la soude caustique en solution

concentrée à la solution de sel ammoniac, placée dans un tube, on obtient, surtout en chauffant légérement, un dégagement d'ammoniaque, reconnaissable à son odeur; les vapeurs bleuissent le papier rouge de tournesol et donnent des fumées blanches si on approche une baguette de verre trempée dans l'acide acétique ou dans l'acide chlorhydrique étendu.

6° On reconnaît des traces d'ammoniaque (par exemple dans les eaux potables) au moyen du réactif de Nessler. Ce réactif s'obtient en ajoutant un grand excès d'une lessive de potasse concentrée à une solution d'iodure rouge de mercure dans l'iodure de potassium; il donne dans les liquides contenant de l'ammoniaque un précipité brun, ou du moins il colore en jaune le liquide si celui-ci ne contient qu'une trace d'ammoniaque.

$$2\,(HgI^2.\,2\,KI) + 3\,KHO + AzH^3 = AzH^2\,Hg.I.HgO + 7\,KI + 2\,(H^2O).$$

V. — Nitrate de Potasse. AzO^3K.

(SALPÊTRE).

1° Chauffé dans le tube le salpêtre fond, puis, à une température plus élevée, il dégage de l'oxygène; le résidu est alors du nitrite de potasse AzO^2K.

2° Chauffé sur le charbon au chalumeau il déflagre; le résidu est du carbonate de potasse CO^3K^2.

3º Il colore la flamme en violet. Si on regarde cette flamme à travers un prisme de verre rempli d'une solution d'indigo, elle paraît d'un rouge intense, même à travers la partie la plus profonde du prisme.

La solution aqueuse saturée (¹) donne les réactions suivantes :

4º Le bitartrate de soude, $C^4H^4O^6.NaH$, un précipité blanc de tartre $C^4H^4O^6KH$. Si la solution est étendue le précipité se forme lentement ; on active la précipitation en frottant avec une baguette de verre sur les parois du verre.

5º Le chlorure de platine, un précipité jaune de chlorure double $PtCl^4.2KCl$.

$$3\,PtCl^4 + 4\,(AzO^3K) = 2\,(PtCl^4.2KCl) + Pt\,(AzO^3)^4.$$

Dans une solution étendue le précipité se forme seulement après quelque temps ou par addition d'une quantité suffisante d'alcool.

6º On ajoute à une solution de salpêtre son volume d'acide sulfurique concentré, on laisse refroi-

---

(1) Comme en général les réactions sont plus rapides et plus nettes avec des solutions concentrées, il est avantageux d'avoir des solutions saturées. Pour cela, on dissout la matière à l'ébullition dans une quantité d'eau telle que par refroidissement une partie de la substance se dépose. La liqueur filtrée est alors propre à toutes les réactions.

dir puis on verse avec précaution sur le mélange une solution de sulfate ferreux. A la surface de séparation des deux liquides il se forme un cercle brun de $2\ SO^4\ Fe.AzO$.

$$6\ (SO^4\ Fe) + 2\ (AzO^3\ H) + 3\ (SO^4\ H^2) = 2\ (AzO)$$
$$+ 3\ \lfloor(SO^4)^3\ Fe^2\rfloor + 4\ H^2\ O.$$

7° On ajoute à la solution de salpêtre de l'acide chlorhydrique et quelques gouttes d'une solution d'indigo, puis on chauffe ; la coloration bleue disparaît.

$$3\ (C^8\ H^5\ AzO) + 2\ (AzO^3\ H)$$
$$\text{Indigo.}$$

$$= 3\ (C^8\ H^5\ AzO^2) + 2\ (AzO) + H^2\ O.$$
$$\text{Isatine (jaune rougeâtre).}$$

8° On place dans un tube du salpêtre, de la tournure de cuivre et de l'acide sulfurique concentré : on chauffe et on obtient un dégagement de vapeurs rousses (AzO^2).

9° On ajoute à la solution de salpêtre de la soude caustique et une lame d'aluminium (ou bien une solution de soude caustique, des copeaux de zinc et de la limaille de fer) ; en chauffant il se dégage de l'ammoniaque.

$$AzO^3\ K + 8\ H = AzH^3 + KHO + 2\ H^2\ O.$$

VI. — **Nitrate de Soude**. AzO^3Na.

(SALPÊTRE DU CHILI).

1° Chauffé sur le charbon il déflagre. Le résidu est du carbonate de soude. Si l'on place la masse fondue sur un papier rouge de tournesol humecté, celui-ci bleuit. Arrosée avec de l'acide chlorhydrique la masse fondue dégage de l'acide carbonique.

2° Réactions de la soude (voir I, 2).

3° Réactions de l'acide nitrique (voir V, 6).

VII. — **Phosphate de Soude**.

$$PhO^4 Na^2 H + 12 H^2 O.$$

1° Chauffé dans le tube il dégage de l'eau.

La solution aqueuse est alcaline ; elle donne les réactions suivantes :

2° Le nitrate d'argent, un précipité jaune de phosphate d'argent $PhO^4 Ag^3$, soluble dans l'ammoniaque et dans l'acide nitrique.

3° L'acétate de plomb, un précipité blanc de phosphate de plomb, $(PhO^4)^2 Pb^3$, soluble dans l'acide nitrique.

4° Le chlorure de calcium $CaCl^2$ ou le chlorure de baryum, $BaCl^2$, un précipité blanc de phosphate de chaux, $PhO^4 CaH$, ou de phosphate de baryte $PhO^4 BaH$, tous deux solubles dans l'acide chlorhydrique.

L'ammoniaque produit dans la solution chlorhydrique un nouveau précipité de phosphate :

$$(PhO^4)^2 Ca^3 \text{ ou } (PhO^4)^2 Ba^3.$$

$$3 (PhO^4 CaH) + 3 AzH^3 = (PhO^4)^2 Ca^3$$
$$+ PhO^4 (AzH^4)^3.$$

5° A la solution de phosphate de soude, on ajoute
du chlorhydrate d'ammoniaque, de l'ammoniaque et
du sulfate de magnésie ; il se forme un précipité
blanc, cristallin de phosphate-ammoniaco-magnésien $PhO^4 Mg. AzH^4$, insoluble dans l'ammoniaque,
soluble dans les acides.

6° A une solution de molybdate d'ammoniaque,
acidulée par l'acide nitrique on ajoute un peu de
phosphate de soude et on chauffe : on obtient un
précipité jaune de phosphomolybdate acide d'ammoniaque, insoluble dans l'acide nitrique, soluble
dans l'ammoniaque et dans l'acide phosphorique
$PhO^4 H^3$. Si à la solution ammoniacale du précipité
on ajoute du sulfate de magnésie et du chlorhydrate
d'ammoniaque on produit le précipité de phosphate
ammoniaco-magnésien.

VIII. — **Biborate de Soude**.

$$Bo^4 O^7 Na^2 + 10 H^2O.$$

(BORAX).

1° Chauffé dans le tube un cristal de borax se
boursoufle et dégage de l'eau.

2° Chauffé sur le charbon il gonfle de même puis

fond et enfin forme une perle incolore transparente.

La solution aqueuse, concentrée, a une réaction faiblement alcaline.

3° Si on ajoute de l'acide chlorhydrique à une solution aqueuse de borax, saturée à chaud, on obtient par refroidissement un dépôt de lamelles brillantes d'acide borique $Bo(OH)^3$.

4° Le chlorure de calcium et le chlorure de baryum donnent dans la solution concentrée de borax un précipité blanc, soluble dans beaucoup d'eau. ($Bo^4 O^7 Ca$ ou $Bo^4 O^7 Ba$).

5° Si on plonge un papier de curcuma dans une solution de borax, acidulée par l'acide chlorhydrique, le papier séché à 100° se colore en rouge brun.

6° On place dans une capsule du borax avec de l'alcool et un peu d'acide sulfurique concentré. On enflamme et l'alcool brûle avec une flamme verte ; on développe surtout cette coloration en agitant le liquide avec une baguette de verre. La coloration des bords de la flamme est rendue encore plus visible en éteignant l'alcool et en rallumant de nouveau. Il est plus simple de triturer le borax pulvérisé avec de la glycérine concentrée de façon à former une bouillie épaisse. Ensuite on place cette bouillie sur le crochet d'un fil de platine et on l'introduit dans la partie extérieure de la flamme d'un bec de gaz. La coloration verte de la flamme apparaît immédiatement.

7° Réactions de la soude (voir I, 2.)

IX. — **Sulfate de Magnésie**. $SO^4 Mg + 7 H^2 O$.

1° Chauffé dans le tube il dégage de l'eau.

2° Chauffé sur le charbon avec du carbonate de soude dans le feu de réduction il donne du sulfure (voir III, 3.)

La solution aqueuse donne les réactions suivantes :

3° La soude ou l'ammoniaque, un précipité blanc d'hydrate de magnésie, $Mg (OH)^2$, soluble dans le chlorhydrate d'ammoniaque.

4° Le carbonate de soude un précipité blanc d'hydrocarbonate de magnésie, $4 MgCO^3.Mg (OH)^2$, soluble dans le chlorhydrate d'ammoniaque.

5° Le bicarbonate d'ammoniaque, $CO^3 (AzH^4) H$, ne donne immédiatement aucun précipité ; mais par l'addition de phosphate de soude on obtient le précipité de phosphate ammoniaco-magnésien (voir VII, 5.)

$$SO^4 Mg + CO^3 (AzH^4) H + PhO^4 Na^2 H$$
$$= PhO^4 (AzH^4) Mg + SO^4 Na^2 + H^2 O + CO^2.$$

Un excès de carbonate neutre d'ammoniaque, $CO^3 (Az H^4)^2$ (préparé en ajoutant de l'ammoniaque à la solution de bicarbonate d'ammoniaque) produit immédiatement dans la solution concentrée de sulfate de magnésie un précipité de carbonate double,

$CO^3 Mg. CO^3 (AzH^4)^2$, insoluble dans un excès de carbonate d'ammoniaque.

6ᵉ Réactions de l'acide sulfurique (voir III, 4.)

X. — **Carbonate de Chaux**. $CO^3 Ca.$

(MARBRE , CRAIE).

1° Chauffé dans le tube il n'éprouve aucun changement.

2° Chauffé sur le charbon il dégage de l'acide carbonique ; le résidu de chaux, CaO, est alcalin (voir VI, 1)

3° Il est insoluble dans l'eau ; il se dissout dans l'acide chlorhydrique avec effervescence ; si l'on conduit le gaz qui se dégage dans de l'eau de chaux limpide, celle-ci se trouble. On peut aussi tenir au-dessus du liquide un tube étroit à l'extrémité duquel se trouve une goutte d'eau de baryte, on remarque que celle-ci se trouble par la formation de carbonate de baryte $(BaCO^3)$.

4° Pour obtenir une solution neutre de chlorure de calcium, on verse de l'acide chlorhydrique en quantité convenable sur du marbre ou de la craie. Quand le dégagement de gaz a cessé, on chauffe la solution à l'ébullition et on filtre pour séparer le marbre en excès. Si tout le marbre était dissous on devrait en ajouter une nouvelle quantité.

La solution ainsi obtenue donne les réactions suivantes :

5º La soude, un précipité blanc d'hydrate de chaux, $Ca(OH)^2$, soluble dans beaucoup d'eau

6º L'ammoniaque ne donne aucun précipité, mais le carbonate d'ammoniaque et le carbonate de soude donnent un précipité blanc de carbonate de chaux, $CaCO^3$.

7º Le phosphate de soude, un précipité blanc de phosphate de chaux PhO^4CaH, (voir VII, 4), soluble dans l'acide acétique et dans tous les acides minéraux.

8º L'oxalate d'ammoniaque, $C^2O^4(AzH^4)^2$, un précipité blanc d'oxalate de chaux, C^2O^4Ca, insoluble dans l'acide acétique, soluble dans l'acide chlorhydrique ou dans l'acide nitrique. Cette solution précipite de nouveau par l'addition d'ammoniaque.

9º L'acide sulfurique donne, mais seulement dans les solutions concentrées, un précipité blanc de sulfate de chaux, soluble dans beaucoup d'eau et dans l'acide chlorhydrique. On peut précipiter de nouveau cette solution par l'addition d'alcool.

10º Le chlorure de calcium colore la flamme en rouge jaunâtre.

11º Le bichromate de potasse et l'acide hydrofluosilicique ne donnent aucun précipité.

XI. — **Chlorure de Baryum**.

$$BaCl^2 + 2H^2O.$$

1º Chauffé dans le tube il dégage de l'eau.

2° Chauffé sur le charbon il fond ; le résidu est alcalin.

3° Il colore la flamme en jaune-verdâtre.

La solution aqueuse concentrée donne les réactions suivantes :

4° La soude, un précipité d'hydrate de baryte $Ba(OH)^2$, soluble dans l'eau bouillante.

5° L'ammoniaque ne donne aucun précipité ; mais le carbonate de soude donne un précipité blanc de carbonate de baryte.

6° L'acide sulfurique donne un précipité blanc de sulfate de baryte $BaSO^4$, insoluble dans les acides (voir III, 4).

7° La solution de sulfate de chaux produit immédiatement un trouble de sulfate de baryte.

8° Le phosphate de soude donne un précipité blanc de phosphate de baryte $PhO^4 BaH$, soluble dans l'acide chlorhydrique (voir VII, 4).

9° L'acide hydrofluosilicique, $SiFl^4 . 2HFl$, donne un précipité blanc d'hydrofluosilicate de baryte $SiFl^4 BaFl^2$.

10° Le bichromate de potasse, un précipité jaune de chromate de baryte, $CrO^4 Ba$, soluble dans l'acide chlorhydrique. Cette solution précipite de nouveau par l'addition d'ammoniaque.

$$BaCl^2 + Cr^2 O^7 K^2 = CrO^4 Ba + CrO^3 + 2KCl.$$

11° Réactions du chlore (voir I, 3).

XII. — **Chlorure de Strontium**.

$$Sr\,Cl^2 + 6\,H^2O.$$

1º Chauffé dans le tube il dégage de l'eau.

2º Il se comporte sur le charbon au chalumeau comme le chlorure de baryum (voir XI, 2).

3º Il colore la flamme en rouge carmin.

4º La soude, l'ammoniaque, le carbonate de soude ou le carbonate d'ammoniaque, et le phosphate de soude se comportent avec la solution aqueuse de chlorure de strontium comme avec celle de chlorure de baryum (voir XI, 4, 5, 8).

5º L'acide sulfurique donne un précipité blanc de sulfate de strontium, SO^4Sr, insoluble dans les acides.

6º La solution de sulfate de chaux produit un trouble, mais seulement après quelque temps.

7º L'acide hydrofluosilicique et le bichromate de potasse ne donnent aucun précipité.

XIII. — **Sulfate de Chaux**. $SO^4Ca + 2\,H^2O.$

(GYPSE).

1º Chauffé dans le tube il dégage de l'eau.

2º Chauffé au chalumeau avec du carbonate de soude sur le charbon il donne du sulfure.

· Il est soluble, mais seulement dans beaucoup d'eau; il se dissout mieux dans l'acide nitrique. La solution aqueuse donne les réactions suivantes :

3" L'oxalate d'ammoniaque, un précipité blanc d'oxalate de chaux, C^2O^4Ca.

4° Le chlorure de baryum, un précipité blanc de sulfate de baryte.

5° L'alcool $C^2 H^5 OH$, un précipité blanc de sulfate de chaux (voir X . 9).

XIV. — **Alun Ammoniacal**.
$$(SO^4)^2 Al (AzH^4) + 12 H^2 O.$$

1° Chauffé dans le tube il dégage de l'eau.

2° Chauffé au chalumeau sur le charbon avec du carbonate de soude il donne du **sulfure**.

La solution aqueuse donne les réactions suivantes :

3° L'ammoniaque, un précipité **blanc** d'alumine $Al (OH)^3$, insoluble dans un excès.

4° La soude, un précipité blanc d'alumine, soluble dans un excès de soude ; la solution alcaline est précipitée de nouveau par le chlorhydrate d'ammoniaque.

5° Le carbonate de soude, un précipité blanc d'alumine $Al(OH)^3$ avec dégagement d'acide carbonique :

$$3 (CO^3 Na^2) + 2 [(SO^4)^2 Al. Az H^4] + 3 H^2 O$$
$$= 2 Al (OH)^3 + 3 CO^2 + 3 SO^4 Na^2 + SO^4 (AzH^4)^2.$$

6° Le sulfhydrate d'ammoniaque, $(AzH^4)^2 S$, un précipité blanc d'alumine, accompagné d'un dégagement d'hydrogène sulfuré.

$$3 [(AzH^4)^2 S] + 2 [(SO^4)^2 Al.AzH^4] + 6 H^2 O$$
$$= 2 [Al (OH)^3] + 3 H^2 S + 4 [SO^4 (AzH^4)^2]$$

Réactions de l'acide sulfurique (voir III , 4).
Réactions de l'ammoniaque (voir IV , 5).

XV. — **Bichromate de Potasse.**
$$Cr^2 O^7 K^2.$$

1° Chauffé dans le tube il fond et forme un liquide rouge foncé.

2° Chauffé sur le charbon il déflagre faiblement ; le résidu est formé d'oxyde de chrôme $Cr^2 O^3$ et de carbonate de potasse $CO^3 K^2$.

3° Au chalumeau avec le sel de phosphore ou le borax il donne dans le feu de réduction ou d'oxydation une perle verte.

La solution aqueuse , d'une couleur jaune rouge , donne les réactions suivantes :

4° Le sulfhydrate d'ammoniaque, un précipité brun de $Cr^2 (CrO^4)^3$ avec dépôt de soufre. La liqueur renferme en solution du chromate jaune $CrO^4 K^2$.

$$5\, Cr^2 O^7 K^2 + 3\, (AzH^4)^2 S = Cr^2 (CrO^4)^3 + S^3$$
$$+ 5\, (CrO^4 K^2) + 6\, AzH^3 + 3\, H^2 O.$$

La solution de bichromate de potasse, additionnée d'une quantité suffisante de sulfhydrate d'ammoniaque puis portée à l'ébullition , fournit un précipité vert d'hydrate d'oxyde de chrôme $Cr(OH)^3$ et du soufre :

$$Cr^2 O^7 K^2 + 3\, (AzH^4)^2 S + H^2 O = 2\, Cr (OH)^3$$
$$+ S^3 + 2\, KHO + 6\, AzH^3.$$

5° L'acétate de plomb donne un précipité jaune de chromate de plomb, $CrO^4 Pb$, insoluble dans l'acide nitrique étendu, soluble dans la soude.

6° Le nitrate mercureux, $(AzO^3)^2 Hg^2$, un précipité rouge brique de chromate de mercure $CrO^4 Hg^2$.

7° Le nitrate d'argent, un précipité rouge brun de chromate d'argent, $CrO^4 Ag^2$.

8° L'acide sulfureux en solution aqueuse réduit le bichromate de potasse en sels d'oxyde de chrôme verts :

$$3 Cr^2 O^7 K^2 + 12 SO^2 = 4 (SO^4)^2 KCr + (SO^3)^3 Cr^2 + SO^4 K^2.$$

L'addition d'acide sulfurique accélère la réduction

$$Cr^2 O^7 K^2 + 3 SO^2 + SO^4 H^2 = 2 (SO^4)^2 KCr + H^2 O.$$

9° Chauffé avec de l'acide chlorhydrique concentré le bichromate de potasse donne un dégagement de chlore et il reste une solution verte de chlorure de chrôme $CrCl^3$. La réduction se fait plus facilement en ajoutant quelques gouttes d'alcool.

$$Cr^2 O^7 K^2 + 8 HCl + 3 C^2 H^5.OH = 2 CrCl^3 + 2 KCl + 3 \underset{\text{aldéhyde}}{C^2 H^4 O} + 7 H^2 O.$$

La solution verte ainsi obtenue donne :

10° Avec la soude, un précipité vert d'hydrate

d'oxyde de chrôme Cr(OH)³, soluble dans un excès de soude ; en chauffant la solution alcaline, on précipite de nouveau l'hydrate Cr(OH)³.

11° Avec l'ammoniaque, un précipité gris bleuâtre d'un hydrate d'oxyde de chrôme Cr(OH)³ qui se dissout en partie dans un excès d'ammoniaque : la solution est rougeâtre.

12° Avec le sulfhydrate d'ammoniaque, un précipité d'hydrate d'oxyde de chrôme Cr(OH)³.

13° Avec le carbonate de soude, un précipité vert d'un carbonate basique.

XVI. — **Fer**. Fe.

1° Un fil de fer chauffé dans la flamme du chalumeau se transforme en oxyde Fe^3O^4.

2° Le fer se dissout à chaud dans l'acide chlorhydrique avec dégagement d'hydrogène, en laissant un résidu de carbone. On chauffe, en présence d'un excès de fer, jusqu'à ce que le dégagement gazeux cesse. La solution de chlorure de fer, $FeCl^2$, neutre, ainsi obtenue, donne les réactions suivantes :

3° La soude ou l'ammoniaque, un précipité blanc verdâtre d'hydrate de protoxyde de fer, $Fe(OH)^2$, qui, à l'air, en absorbant l'oxygène, prend rapidement une couleur verte, puis brune ; le précipité est alors l'hydrate de peroxyde de fer $Fe(OH)^3$.

4° Le carbonate de soude, un précipité blanc de

carbonate de fer, CO^3Fe, qui se colore en brun à l'air.

5° Le sulfhydrate d'ammoniaque, un précipité noir de sulfure de fer FeS, soluble dans l'acide chlorhydrique avec dégagement d'hydrogène sulfuré.

La solution vert-pâle de chlorure de fer $FeCl^2$ est chauffée avec un peu d'acide nitrique. Elle prend une teinte brune ; on a alors une solution de sels de sesquioxyde de fer, Fe^2O^3, et il se dégage en même temps du bioxyde d'azote, AzO.

$$3\,(FeCl^2) + 4\,(AzO^3H) = 2\,(FeCl^3) + (AzO^3)^3\,Fe$$
$$+ AzO + 2\,(H^2O).$$

Cette solution de peroxyde de fer donne les réacions suivantes :

6° La soude, l'ammoniaque et le carbonate de soude un précipité brun rouge d'hydrate de peroxyde de fer, $Fe\,(OH^3)$.

7° L'hydrogène sulfuré, un dépôt laiteux de soufre. La solution renferme alors le fer à l'état de protoxyde FeO.

8° Le sulfhydrate d'ammoniaque, un précipité noir de sulfure de fer et un dépôt de soufre.

9° Le prussiate jaune $(4\,KCy.\,FeCy^2)$ un précipité bleu foncé (bleu de Prusse :

$$Fe^7Cy^{18} = 4\,FeCy^3.\,3\,FeCy^2).$$

Dans la solution de chlorure ferreux, $FeCl^2$, le prussiate rouge $(3\,KCy.\,FeCy^3)$ donne un précipité bleu foncé (bleu de Turnbull :

$$Fe^5 Cy^{12} = 3\,FeCy^2 . 2\,FeCy^3).$$

10° Le sulfocyanure de potassium, CAzSK, une coloration rouge sang de sulfocyanure de fer $(CAzS)^3$ Fe.

11° Le carbonate de baryte, délayé dans l'eau, donne , avec dégagement d'acide carbonique, un précipité brun d'hydrate de peroxyde de fer.

12° Une portion du précipité obtenu dans les essais 3 et 6 de cet exemple est chauffée avec du sel de phosphore au chalumeau dans la flamme de réduction. On obtient une perle verte, qui, dans le feu d'oxydation, prend une teinte rouge. Par refroidissement la couleur des perles disparaît en partie ou complètement si on a pris très peu de substance.

XVII. — **Bi-Oxyde de Manganèse**. $Mn\,O^2$.

1° Chauffé dans le tube, le bioxyde de manganèse dégage de l'oxygène ; une allumette présentant un point rouge, plongée dans le tube, se rallume.

2° Il est insoluble dans l'eau, l'acide sulfurique et l'acide nitrique ; il se dissout dans l'acide chlorhydrique avec dégagement de chlore.

3° On chauffe le bioxyde de manganèse avec de l'acide chlorhydrique concentré, et, le dégagement de chlore terminé, on filtre pour séparer l'excès de bioxyde de manganèse. On ajoute à la solution du carbonate de soude jusqu'à formation d'un précipité persistant, même par l'agitation ; on dissout ce précipité dans quelques gouttes d'acide acétique ; on ajoute à la solution de l'acétate de soude et on chauffe. Le précipité d'acétate basique d'oxyde de fer qui se forme dans ces conditions est séparé par filtration; on le redissout dans l'acide chlorhydrique et dans cette solution on décèle le fer, comme à l'Ex. XVI. 9, 10.

Le chlorure de manganèse $Mn\,Cl^2$, contenu dans la liqueur d'où on a séparé le fer, donne les réactions suivantes :

4° La soude et l'ammoniaque . un précipité blanc d'hydrate d'oxyde de manganèse, $Mn\,(OH^2)$, qui brunit rapidement à l'air en donnant l'oxyde Mn^2O^3. La présence de chlorhydrate d'ammoniaque empêche la précipitation par l'ammoniaque.

5° Le carbonate de soude ou d'ammoniaque, un précipité blanc de carbonate de manganèse . $CO^3\,Mn$.

6° Le sulfhydrate d'ammoniaque, un précipité couleur chair de sulfure de manganèse hydraté, soluble dans l'acide chlorhydrique. En chauffant ce précipité avec de l'ammoniaque et un grand excès de sulfhydrate d'ammoniaque, il se transforme en un sulfure de manganèse anhydre, vert.

7° A un mélange de minium $Pb^3\,O^4$ et d'acide nitrique, on ajoute un peu de bioxyde de manganèse et on chauffe. Après dépôt, on constate que la liqueur a pris une coloration rouge intense, due à l'acide permanganique MnO^4H.

$$2\,MnO^2 + 3\,PbO^2 + 6\,AzO^3H = 2\,MnO^4H$$
$$+ 3\,(AzO^3)^2\,Pb + 2\,H^2O.$$

$$2\,SO^4Mn + 5\,PbO^2 + 6\,AzO^3H = 2\,MnO^4H$$
$$+ 2\,SO^4Pb + 3\,(AzO^3)^2\,Pb + 2\,H^2O.$$

8° Au chalumeau avec le sel de phosphore, le bioxyde de manganèse donne dans le feu d'oxydation une perle couleur améthyste, qui devient incolore dans la flamme de réduction.

9° Le bioxyde de manganèse fondu avec du carbonate de soude et du nitrate de potasse sur une lame de platine, ou à l'extrémité d'un fil de platine, donne une masse d'un bleu vert (MnO^4Na^2, MnO^4K^2, manganate de soude et de potasse).

$$5\,MnO^2 + 4\,CO^3Na^2 + 2\,AzO^3K = 4\,MnO^4Na^2$$
$$+ MnO^4K^2 + 4\,CO^2 + 2\,Az.$$

XVIII. — **Zinc**. Zn.

1° Le zinc chauffé sur le charbon au chalumeau brûle avec une flamme d'un blanc éclatant, en donnant des fumées blanches d'oxyde de zinc, ZnO.

L'enduit sur le charbon est jaune à chaud, il devient blanc en refroidissant et n'est pas volatil.

2° Il se dissout dans l'acide chlorhydrique avec

dégagement d'hydrogène. On chauffe un excès de zinc avec de l'acide chlorhydrique jusqu'à cessation du dégagement gazeux, puis on filtre. La solution incolore ainsi obtenue renferme du chlorure de zinc, $ZnCl^2$, et donne les réactions suivantes :

3° La soude et l'ammoniaque, un précipité blanc d'hydrate d'oxyde de zinc, $Zn(OH)^2$, soluble dans un excès de réactif. Dans cette solution alcaline l'hydrogène sulfuré donne un précipité blanc de sulfure de zinc ZnS.

4° Le carbonate de soude, un précipité blanc d'un sel basique. Il se dégage de l'acide carbonique.

5° L'hydrogène sulfuré, un précipité blanc de sulfure de zinc, soluble dans l'acide chlorhydrique. Si la solution de chlorure de zinc renferme beaucoup d'acide chlorhydrique libre, ce réactif ne donne aucun précipité.

6° Le sulfhydrate d'ammoniaque, un précipité blanc de sulfure de zinc insoluble dans l'acide acétique, soluble dans l'acide chlorhydrique.

XIX. — **Sulfate de Nickel**. $SO^4 Ni + 7 H^2 O$.

La solution aqueuse verte donne les réactions suivantes :

1° La soude, un précipité vert d'hydrate d'oxyde de nickel $Ni(OH)^2$.

2° L'ammoniaque, le même précipité vert $Ni(OH)^2$,

soluble daus   excès d'ammoniaque avec coloration bleue (formation de $SO^4 Ni. 4 AzH^3$).

3° Le carbonate de soude , un précipité vert d'un sel basique, $2 CO^3 Ni. 3 Ni (OH)^2$.

4° Le carbonate d'ammoniaque, un précipité vert, soluble dans un excès.

5° Le sulfhydrate d'ammoniaque, un précipité noir de sulfure de nickel, NiS, insoluble dans l'acide chlorhydrique. On filtre et on chauffe une portion du précipité au chalumeau avec du sel de phosphore dans la flamme oxydante. La perle est rouge ou brune à chaud et après refroidissement jaune ou orangée. La couleur de cette perle ne change pas dans le feu de réduction.

XX. — **Nitrate de Cobalt**. $(AzO^3)^2 Co + 6 H^2 O$.

La solution aqueuse, rouge, donne les réactions suivantes :

1° La soude, un précipité bleu de sel basique. A chaud le précipité se transforme en hydrate d'oxyde de cobalt $Co (OH)^2$, d'une couleur rouge sale.

2° L'ammoniaque, un précipité bleu d'un sel basique, soluble dans un excès d'ammoniaque avec une coloration rouge. (Formation du sel rouge $(Az^3 O^2) Co. 6 AzH^3$).

3° Le sulfhydrate d'ammoniaque, un précipité noir de sulfure de cobalt CoS, insoluble à froid dans l'acide chlorhydrique étendu. Une partie du précipité est essayée au chalumeau avec le sel de phosphore. On obtient ainsi une perle bleue dans les deux flammes.

4° Le nitrite de potasse donne, après quelque temps, dans la solution acidulée par l'acide acétique, un précipité jaune de $(AzO^2)^5 Co(OH)K^3$.

$$(AzO^3)^2 Co + 6\, AzO^2 K + C^2 H^3 O^2 H$$
$$= (AzO^2)^5 Co(OH)K^3 + 2\, AzO^3 K + C^2 H^3 O^2 K$$
$$+ AzO.$$

XXI. — **Plomb**. Pb.

1° Chauffé sur le charbon au chalumeau, il fond et forme un enduit jaune de litharge Pb O.

2° Il est insoluble dans l'acide chlorhydrique et dans l'acide sulfurique. Il se dissout dans l'acide nitrique avec dégagement de bioxyde d'azote.

$$3\, Pb + 8\, Az O^3 H = 3\, (AzO^3)^2 Pb + 2\, AzO$$
$$+ 4\, H^2 O.$$

La solution neutre de nitrate de plomb, $(Az O^3)^2 Pb$, donne les réactions suivantes :

3° Une lame de zinc, un dépôt de plomb cristallin.

4° L'hydrogène sulfuré, un précipité noir de sulfure de plomb, PbS, insoluble dans les acides. Ce précipité de sulfure de plomb chauffé avec de l'acide nitrique concentré se transforme en sulfate de plomb, blanc, insoluble.

5° La soude, un précipité blanc d'hydrate d'oxyde de plomb, $Pb(OH)^2$, soluble dans un grand excès de soude.

6° L'ammoniaque, un précipité blanc d'un sel basique, $(AzO^3)^2 Pb. 2 PbO$, insoluble dans un excès.

7° Le carbonate de soude, un précipité blanc de carbonate de plomb $CO^3 Pb$.

8° L'acide sulfurique, un précipité blanc de sulfate de plomb, insoluble dans les acides, soluble dans une solution ammoniacale d'acide tartrique. Par l'addition de sulfhydrate d'ammoniaque, le sulfate de plomb se transforme en sulfure PbS.

9° L'acide chlorhydrique, un précipité blanc de chlorure de plomb, $PbCl^2$ soluble dans beaucoup d'eau bouillante (voir I, 5).

10° Le bichromate de potasse, un précipité jaune de chromate de plomb $CrO^4 Pb$ (voir XV, 5).

11° Le sulfhydrate d'ammoniaque, un précipité noir de sulfure de plomb.

XXII. — **Bismuth**. Bi.

1° Chauffé dans le tube, il fond sans se volatiliser.

2° Chauffé sur le charbon au chalumeau, il fond, fournit un enduit jaune d'oxyde de bismuth $Bi^2 O^3$

et un grain métallique cassant. Il se dissout dans l'acide nitrique concentré avec dégagement de bioxyde d'azote. Cette solution donne les réactions suivantes :

3° Par addition d'eau, un précipité cristallin, blanc, de sel basique $AzO^3 Bi(OH)^2$. Si la solution renferme un grand excès d'acide nitrique libre, le précipité ne se forme que par l'addition préalable d'une certaine quantité d'acide chlorhydrique ou de chlorure de sodium. Dans ce cas, le précipité est de l'oxychlorure de bismuth $BiOCl$.

$$AzO^3 Bi(OH)^2 + NaCl = BiOCl + AzO^3 Na + H^2O.$$

L'oxychlorure de bismuth est insoluble dans l'eau, mais le nitrate basique $Az O^3 Bi(OH)^2$ se dissout en partie dans l'eau et principalement dans l'acide nitrique étendu.

4° L'hydrogène sulfuré ou le sulfhydrate d'ammoniaque, un précipité brun noir de sulfure de bismuth $Bi^2 S^3$, insoluble dans le sulfhydrate d'ammoniaque en excès et dans les acides faibles.

5° La soude ou l'ammoniaque, un précipté blanc d'hydrate d'oxyde de bismuth $Bi(OH)^3$, insoluble dans un excès.

6° Le bichromate de potasse, un précipité jaune de $(CrO^4)^2 Bi^2 O$, insoluble dans la soude et soluble dans l'acide nitrique.

$$2 (AzO^3)^3 Bi + Cr^2 O^7 K^2 + 2 H^2 O$$
$$= (CrO^4)^2 + Bi^2 O + 2 AzO^3 K + 4 AzO^3 H.$$

XXIII. — **Cuivre**. Cu.

Il se dissout dans l'acide nitrique avec dégagement de bioxyde d'azote. La solution bleue de nitrate de cuivre , $(AzO^3)^2\,Cu$, ainsi obtenue, donne les réactions suivantes :

1° Un fil de fer ou une lame de zinc plongée dans cette solution se recouvre de cuivre métallique.

2° La soude, un précipité bleu d'hydrate d'oxyde de cuivre $Cu\,(OH)^2$ qui à l'ébullition se déshydrate et se transforme en l'oxyde noir CuO.

3° L'ammoniaque, un précipité bleu verdâtre d'un sel basique, soluble dans un excès d'ammoniaque avec une coloration bleue foncée (Formation de $(AzO^3)^2\,Cu.\,4\,AzH^3$.)

4° L'hydrogène sulfuré, un précipité noir de sulfure de cuivre CuS. On chauffe une partie du précipité au chalumeau sur le charbon avec du carbonate de soude. La masse fondue est enlevée du charbon et triturée avec de l'eau dans un mortier en agate ; les petites parcelles de charbon sont enlevées par des lavages et il reste des paillettes cristallines rouges, brillantes, de cuivre.

5° Le sulfhydrate d'ammoniaque, un précipité noir de sulfure de cuivre, insoluble dans les acides étendus et froids et tout à fait insoluble dans le sulfhydrate d'ammoniaque. On essaie une partie du précipité au chalumeau avec le sel de phosphore. Dans le feu d'oydation, on obtient une perle verte qui, par refroidissement, devient bleue. Dans le feu de réduction, surtout par l'addition d'un peu d'amalgame d'étain en poudre , la perle est rouge opaque ($Cu^2 O$)

6° Le prussiate jaune, un précipité brun de ferrocyanure de cuivre, $2CuCy^2.FeCy^2$, insoluble dans les acides.

7° On mélange la solution avec une solution d'acide sulfureux , puis on ajoute du sulfocyanure de potassium ou d'ammonium ($CAzSK$ ou $CAzS.AzH^4$); on obtient un précipité blanc de sulfocyanure cuivreux $(CAzS)^2 Cu^2$.

XXIV. — **Cadmium**. Cd.

1° Chauffé au chalumeau sur le charbon, il fond, se volatilise et donne un enduit brun d'oxyde de cadmium CdO.

2° Il se dissout lentement dans l'acide sulfurique et l'acide chlorhydrique , facilement dans l'acide nitrique Cette solution de nitrate de cadmium, $Az O^{3/2} Cd$, donne les réactions suivantes :

3° Une lame de zinc , un dépôt de cadmium métallique.

4° L'hydrogène sulfuré, un précipité jaune de sulfure de cadmium CdS, insoluble dans l'ammoniaque.

5° Le sulfhydrate d'ammoniaque, un précipité jaune de sulfure de cadmium insoluble dans un excès de réactif.

6° La soude, un précipité blanc d'hydrate d'oxyde de cadmium Cd (OH)², insoluble dans un excès.

7° L'ammoniaque, un précipité blanc d'hydrate Cd (OH)² facilement soluble dans un excès d'ammoniaque.

8° Le carbonate de soude, un précipité blanc de carbonate de cadmium CO³ Cd.

XXV. — **Mercure.** Hg.

1° Le mercure se dissout à une douce température dans l'acide nitrique. La solution de nitrate mercureux (AzO³)² Hg², décantée de l'excès de mercure, donne les réactions suivantes :

2° Une lame de cuivre, un dépôt de mercure métallique.

3° L'acide sulfureux, un précipité de mercure métallique gris.

4° L'hydrogène sulfuré ou le sulfhydrate d'ammoniaque, un précipité noir, mélange de sulfure de mercure HgS et de mercure.

5° La soude, un précipité noir d'oxyde mercureux Hg² O.

6° L'ammoniaque, un précipité noir de la combinaison amidée, Az Hg² H². AzO³.

7° L'acide chlorhydrique, un précipité blanc de calomel Hg² Cl².

8° L'iodure de potassium, un précipité jaune-verdâtre d'iodure mercureux, Hg² I².

A la solution de nitrate mercureux $(AzO^3)^2 Hg^2$ on ajoute un peu d'acide nitrique concentré et quelques gouttes d'acide chlorhydrique ; on fait bouill'r jusqu'à disparition du précipité. La solution de nitrate mercurique $(AzO^3)^2 Hg$ ainsi obtenue donne les réactions suivantes.

9° Une lame de cuivre, un dépôt de mercure métallique.

10° Le chlorure d'étain $(SnCl^2)$ donne d'abord un précipité blanc de calomel puis, en présence d'un excès de $SnCl^2$, du mercure métallique gris.

11° La soude, un précipité brun d'un sel basique qui, par l'addition d'une plus grande quantité de soude, se transforme en oxyde de mercure jaune. HgO. — On chauffe une portion du précipité avec du carbonate de soude sec dans un tube de verre. Il se forme un sublimé de mercure métallique. Pour distinguer plus facilement les gouttelettes de mercure on les regarde à la loupe ou bien on frotte les parois du tube avec un fil de fer ou une baguette de verre.

12° L'ammoniaque, un précipité blanc de la combinaison amidée, $Az^2 Hg^3 H^2 (AzO^3)^2$.

13° Le carbonate de soude, un précipité brun rouge d'un sel basique $CO^3 Hg.3 HgO$.

14° L'hydrogène sulfuré ou le sulfhydrate d'ammoniaque en faible quantité, un précipité d'abord blanc de $2 HgS.Hg (AzO^3)^2$ qui, par une plus grande quantité de réactif, se transforme en sulfure de mercure HgS noir.

15° L'iodure de potassium, un précipité rouge d'iodure mercurique HgI^2, soluble dans un excès d'iodure de potassium.

16° L'acide chlorhydrique ne donne aucun précipité.

XXVI. — **Argent**.

(PIÈCE DE MONNAIE).

1° On dissout la pièce d'argent dans l'acide nitrique. La solution bleue qui contient du nitrate d'argent et du nitrate de cuivre est traitée par l'acide chlorhydrique qui précipite l'argent à l'état de chlorure d'argent. On agite la liqueur et on filtre. Le précipité de chlorure d'argent est bien lavé à l'eau distillée, puis séché et fondu dans un creuset en porcelaine. La masse refroidie est placée dans un verre avec un peu d'eau, on ajoute un morceau de grenaille de zinc et quelques gouttes d'acide chlorhydrique. Après quelques heures on enlève le zinc en excès ; on fait bouillir l'argent métallique avec un peu d'acide chlorhydrique et ensuite on ajoute de l'eau; on lave soigneusement à l'eau par décantation et on dissout enfin l'argent dans l'acide nitrique. Cette solution de nitrate d'argent AzO^3 Ag est évaporée à sec avec soin et le résidu est dissous dans l'eau.

La solution filtrée, neutre, donne les réactions suivantes :

2° Une lame de cuivre, un dépôt d'argent métallique ; la solution bleue contient du nitrate de cuivre $(AzO^3)^2 Cu$. Le zinc et le fer précipitent de même l'argent.

3° L'hydrogène sulfuré ou le sulfhydrate d'ammoniaque, un précipité noir de sulfure d'argent $Ag^2 S$.

4° La soude, un précipité brun foncé d'oxyde d'argent, $Ag^2 O$, insoluble dans un excès de soude.

5° L'ammoniaque, un précipité brun d'oxyde d'argent, $Ag^2 O$, facilement soluble dans un excès d'ammoniaque. En présence d'acide libre dans la solution de nitrate d'argent, l'ammoniaque ne donne aucun précipité.

6° Le phosphate de soude, $PhO^4 Na^2 H$, un précipité jaune de phosphate d'argent, $PhO^4 Ag^3$, soluble dans l'ammoniaque et dans l'acide nitrique.

7° L'acide chlorhydrique, un précipité blanc, caséeux, de chlorure d'argent, $AgCl$, (voir I, 3). Ce précipité se colore en violet à la lumière.

XXVII, — **Etain.**   Sn.

1° Chauffé au chalumeau sur le charbon l'étain fond et se transforme dans le feu d'oxydation en un corps blanc, le bioxyde d'étain, SnO^2.

2° Il se dissout à l'ébullition dans l'acide chlorhydrique concentré avec dégagement d'hydrogène. La solution de chlorure d'étain, $SnCl^2$, ainsi obtenue, donne les réactions suivantes :

3° Une lame de zinc, un dépôt cristallin d'étain.

4° La soude, un précipité blanc d'hydrate d'oxyde d'étain $Sn(OH)^2$, soluble dans un excès de soude.

5° L'ammoniaque, un précipité blanc d'hydrate $Sn(OH)^2$, insoluble dans un excès.

6° Le carbonate de soude, un précipité blanc d'hydrate $Sn(OH)^2$, avec dégagement d'acide carbonique.

7° L'hydrogène sulfuré, un précipité brun foncé de sulfure d'étain SnS.

8° Le sulfhydrate d'ammoniaque, $(AzH^4)^2 S$, un précipité brun foncé de sulfure d'étain Sn S. Ce précipité est soluble dans le sulfhydrate d'ammoniaque jaune (c'est-à-dire du sulfhydrate d'ammoniaque $(AzH^4)^2 S$ tenant en dissolution de la fleur de soufre) [1]. L'acide chlorhydrique précipite de cette solution du bisulfure d'étain jaune SnS^2.

$$SnS + (AzH^4)^2 S^2 = SnS^2 + (AzH^4)^2 S.$$

---

[1] Le sulfhydrate d'ammoniaque fraîchement préparé est incolore. Conservé dans un flacon contenant de l'air, il devient jaune en se transformant en un polysulfure d'ammonium :

$$2 (AzH^4)^2 S + O = (AzH^4)^2 S^2 + 2 AzH^3 + H^2 O.$$

L'étain chauffé avec de l'acide nitrique, donne un corps blanc insoluble, le bioxyde d'étain SnO^2 (méta). Quand le produit ainsi obtenu est bien blanc, on décante l'acide, on lave le dépôt de SnO^2 par décantation à l'eau distillée ; on le fait ensuite bouillir avec un peu d'acide chlorhydrique concentré et on étend d'eau. La solution ainsi obtenue est filtrée ; elle donne les réactions suivantes :

9° La soude, un précipité blanc de l'hydrate $SnO^2 H^2 O$, soluble dans un excès de soude.

10° L'ammoniaque, le même précipité, mais insoluble dans un excès d'ammoniaque. On chauffe au chalumeau sur le charbon avec du carbonate de soude une partie du précipité comme à l'ex. XXIII, 4; on obtient des grains métalliques blancs, brillants et malléables.

11° La solution étendue de beaucoup d'eau portée à l'ébullition donne un précipité blanc de l'hydrate $SnO^2 H^2 O$.

12° Le bichlorure de mercure $HgCl^2$ ne donne aucun précipité.

13° L'hydrogène sulfuré, un précipité jaune de sulfure d'étain SnS^2, soluble dans le sulfhydrate d'ammoniaque $(AzH^4)^2 S$.

XXVIII. — **Antimoine**. Sb

1° Chauffé dans le tube l'antimoine fond sans se sublimer.

2° Fondu sur le charbon au chalumeau il se recouvre d'un enduit blanc, volatil, d'oxyde d'antimoine Sb^2O^3. Le grain métallique incandescent s'enflamme de lui-même en produisant des fumées blanches et se recouvre de cristaux en aiguilles d'oxyde Sb^2O^3.

3° L'antimoine est insoluble dans l'acide chlorhydrique ; l'acide nitrique le transforme en oxyde blanc insoluble SbO^2.

Il se dissout dans l'eau régale (mélange de 3 volumes d'acide chlorhydrique et de 1 volume d'acide nitrique.) Cette solution qui contient le chlorure d'antimoine $SbCl^3$ donne les réactions suivantes :

4° L'addition d'eau dans cette solution produit un précipité blanc de poudre d'Algaroth, $SbOCl$; ce précipité est soluble dans l'acide tartrique. En présence de cet acide l'eau ne précipite pas la solution de chlorure d'antimoine $SbCl^3$.

5° L'hydrogène sulfuré, un précipité orangé de sulfure d'antimoine, Sb^2S^3.

6° Le sulfhydrate d'ammoniaque $(AzH^4)^2S$, un précipité rouge orangé de sulfure d'antimoine, Sb^2S^3, soluble dans un excès. L'acide chlorhydrique précipite de nouveau cette solution

7° La soude, un précipité blanc de l'hydrate $Sb(OH)^3$, soluble dans un excès de soude.

8° L'ammoniaque, le même précipité de $Sb(OH)^3$. insoluble dans un excès.

9° Une lame de zinc produit un dépôt d'antimoine métallique. Si on opère la réduction sur une lame de platine, celle-ci se recouvre d'une couche noire d'antimoine, adhérant fortement.

XXIX. — **Arsenic. — Anhydride Arsénieux,**

$$As - As^2 O^3.$$

1° Chauffé sur le charbon au chalumeau, l'arsenic répand des fumées blanches d'anhydride arsénieux, $As^2 O^3$; on perçoit en même temps une odeur alliacée.

2° Chauffé dans le tube, l'arsenic se sublime en donnant un anneau métallique brillant.

3° Chauffé avec un peu d'acide nitrique il donne de l'acide arsénieux, $As^2 O^3$, peu soluble. Avec une plus grande quantité d'acide nitrique, il donne de l'acide arsénique $AsO^4 H^3$ très-soluble.

4° L'anhydride arsénieux chauffé dans le tube donne un sublimé cristallin ; les cristaux sont facilement visibles à la loupe.

5° Si on chauffe dans un tube l'acide arsénieux avec un peu de charbon de bois en poudre, ou mieux avec du cyanure de potassium, on obtient un anneau noir d'arsenic métallique.

6° Au chalumeau sur le charbon l'acide arsénieux se volatilise avec une odeur alliacée. Si on chauffe l'acide arsénieux dans un creuset de porcelaine, il se volatilise de même mais sans dégager cette odeur.

L'acide arsénieux est peu soluble dans l'eau ; cette solution donne les réactions suivantes :

7° L'hydrogène sulfuré, une coloration jaune ; par l'addition d'acide chlorhydrique, on obtient un précipité jaune de sulfure d'arsenic $As^2 S^3$. Ce précipité se dissout dans l'ammoniaque et dans le sulfhydrate d'ammoniaque ; cette solution est précipitée de nouveau par les acides.

8° Le sulfhydrate d'ammoniaque ne donne aucun précipité, mais par l'addition d'acide chlorhydrique on a un précipité jaune de sulfure $As^2 S^3$.

9° Le nitrate d'argent ne donne aucun précipité ; mais par l'addition d'une goutte d'ammoniaque il se forme un précipité jaune d'arsénite d'argent $As O^3 Ag^3$, soluble dans l'ammoniaque et dans l'acide nitrique. La solution ammoniacale d'arsénite d'argent donne à l'ébullition un précipité d'argent métallique. (Cette réaction permet de distinguer l'arsénite d'argent, $AsO^3 Ag^3$, de l'arséniate d'argent, $AsO^4 Ag^3$.)

$$3 AsO^3 Ag^3 + 6 AzH^3 + 3 H^2 O = AsO^4 Ag^3$$
$$+ 2 AsO^4 (AzH^4)^3 + 6 Ag.$$

L'acide arsénieux se dissout à l'ébullition dans l'acide nitrique ; cette solution qui renferme l'acide arsénique $AsO^4 H^3$ donne les réactions suivantes :

10° L'hydrogène sulfuré, à chaud et en présence

d'un excès d'hydrogène sulfuré, un précipité jaune de sulfure d'arsenic As^2S^5.

11° Le nitrate d'argent ne donne aucun précipité, mais en neutralisant exactement la liqueur par l'ammoniaque, on obtient un précipité rouge brique d'arséniate d'argent AsO^4Ag^3, très soluble dans l'ammoniaque et dans l'acide nitrique.

12° En ajoutant à la solution d'acide arsénique un excès d'ammoniaque, du chlorhydrate d'ammoniaque et du sulfate de magnésie on obtient un précipité blanc d'arséniate-ammoniaco-magnésien, $AsO^4(AzH^4)Mg$.

XXX. — **Chlorate de Potasse**. ClO^3K.

1° Chauffé dans le tube le chlorate de potasse fond et dégage de l'oxygène (voir XVII, 1). Le résidu est du chlorure de potassium KCl. On le dissout dans l'eau et on ajoute à la solution du nitrate d'argent, on obtient un précipité caséeux de chlorure d'argent. (voir XXVI, 7.)

2° Chauffé au chalumeau sur le charbon il déflagre.

3° Si on arrose avec un peu d'acide sulfurique une petite quantité de chlorate de potasse, il se dégage, surtout en chauffant, un gaz jaune, le peroxyde de chlore, ClO^2, qui détonne facilement.

En même temps le résidu se colore en jaune brun.

$$3 (ClO^3 K) + 2 SO^4 H^2 = 2 (ClO^2) + ClO^4 K$$
$$+ 2 SO^4 KH + H^2 O.$$

4° Si on chauffe le chlorate de potasse sec avec de l'acide chlorhydrique il se dégage un gaz jaune vert, mélange de chlore et de peroxyde de chlore, ClO^2.

5° Le chlorate de potasse se dissout plus facilement à chaud qu'à froid. La solution donne les réactions suivantes :

6° Le nitrate d'argent et le nitrate mercureux, aucun précipité.

7° On ajoute à la solution quelques gouttes d'indigo, un peu d'acide sulfurique et ensuite goutte à goutte une solution d'acide sulfureux ; la coloration de l'indigo disparaît par suite de la formation d'un produit d'oxydation inférieur du chlore.

XXXI. — Silicate de Soude.

(VERRE SOLUBLE).

1° La solution aqueuse de silicate est précipitée par les acides (chlorhydrique, nitrique) et aussi par le chlorhydrate d'ammoniaque et le carbonate d'ammoniaque $(AzH^4)^2 CO^3$.

2° Pour rendre insoluble la silice soluble $Si (OH)^4$,

on évapore à sec la solution de silicate de potasse acidulée par l'acide chlorhydrique, on arrose le résidu avec quelques gouttes d'acide chlorhydrique, on ajoute de l'eau et on fait bouillir. La silice, SiO^2, ainsi obtenue, est recueillie sur filtre.

3° La silice donne avec le sel de phosphore au chalumeau une perle opaque (squelette de silice).

4° La liqueur filtrée, séparée de la silice, est évaporée; elle laisse un résidu de chlorure de sodium $NaCl$ (voir I).

XXXII. — **Bioxalate de Potasse.**
$C^2 O^4 KH + H^2 O$.

(SEL D'OSEILLE).

1° Chauffé dans le tube il dégage de l'eau puis noircit et enfin donne un gaz (oxyde de carbone) brûlant avec une flamme bleue. Le résidu contient du carbonate de potasse $CO^3 K^2$; il est alcalin et fait effervescence avec les acides.

2° Le sel est mélangé avec du bioxyde de manganèse, humecté d'eau et on ajoute un peu d'acide sulfurique; on obtient une effervescence due à un dégagement d'acide carbonique.

La solution aqueuse du sel donne les réactions suivantes :

3° Le chlorure de calcium, un précipité blanc d'oxalate de chaux, $C^2 O^4 Ca$, (voir X, 8).

4° L'acétate de plomb, un précipité blanc d'oxalate

de plomb, C^2O^4Pb, soluble dans l'acide nitrique.

5° Le sel séché est chauffé dans un tube avec de l'acide sulfurique concentré ; il se dégage un gaz, mélange d'acide carbonique, qui trouble l'eau de chaux, et d'oxyde de carbone, qui, si on l'enflamme, brûle avec une flamme bleue.

XXXIII. — **Hyposulfite de Soude**.

$$S^2O^3Na^2 + 5H^2O.$$

1° Chauffé dans le tube il dégage de l'eau ; résidu est un mélange de sulfure de sodium Na^2S et de sulfate de soude, SO^4Na^2. On le dissout dans l'eau. On traite une partie de cette solution par l'acide chlorhydrique ; on obtient un dégagement d'hydrogène sulfuré et ensuite par l'addition de chlorure de baryum un précipité de sulfate de baryte. — A une autre portion de la solution on ajoute du nitrate d'argent ; on a un précipité noir de sulfure d'argent Ag^2S. — A une troisième portion de la solution du résidu on ajoute du nitroprussiate de soude $Na^2Fe(AzO)Cy^5$; la solution se colore en violet.

La solution aqueuse du sel donne les réactions suivantes :

2° L'acide chlorhydrique, après quelque temps, ou plus rapidement si on chauffe, un dépôt jaune de soufre ; en même temps il y a dégagement d'acide sulfureux, reconnaissable à l'odeur.

3° L'acétate de plomb, un précipité blanc d'hyposulfite de plomb S^2O^3Pb, qui noircit à l'ébullition (formation de sulfure de plomb PbS).

$$S^2O^3Pb + H^2O = PbS + SO^4H^2.$$

4° Le chlorure de baryum, un précipité blanc d'hyposulfite de baryum S^2O^3Ba, soluble dans beaucoup d'eau.

5° Le perchlorure de fer $FeCl^3$, une coloration violette, (formation de $(S^2O^3)^3Fe^2$), qui disparaît par le repos.

$$(S^2O^3)^3Fe^2 = S^4O^6Fe + S^2O^3Fe.$$

XXXIV. — **Iodure de Potassium.** KI.

La solution aqueuse d'iodure de potassium donne les réactions suivantes :

1° Le nitrate d'argent, un précipité jaune d'iodure d'argent AgI, insoluble dans l'acide nitrique et presque insoluble dans l'ammoniaque. Le précipité d'iodure d'argent devient blanc en présence de l'ammoniaque en s'y combinant.

2° Le chlorure mercurique, $HgCl^2$, un précipité d'iodure mercurique HgI^2 rouge.

3° Le nitrate mercureux, $(AzO^3)^2Hg^2$, un précipité jaune verdâtre de Hg^2I^2, iodure mercureux.

4° L'acétate de plomb, un précipité jaune d'iodure

de plomb, PbI^2, soluble à l'ébullition dans beaucoup d'eau ; il se dépose par refroidissement en paillettes brillantes.

5° On acidule la solution avec quelques gouttes d'acide sulfurique, on ajoute de l'empois d'amidon et goutte à goutte du nitrite de potasse AzO^2K ; la liqueur se colore en bleu foncé.

$$2\,KI + 2\,SO^4H^2 + 2\,AzO^2K = 2\,I + 2\,AzO$$
$$+\,2\,SO^4K^2 + 2\,H^2O.$$

6° On ajoute à la solution du bichromate de potasse et un peu d'acide sulfurique concentré. L'iode est mis en liberté et en chauffant il se dégage des vapeurs violettes.

$$6\,KI + Cr^2O^7K^2 + 7\,SO^4H^2$$
$$= 6\,I + 2\,(SO^4)^2KCr + 3\,SO^4K^2 + 7\,H^2O.$$

7° On ajoute à la solution du perchlorure de fer $FeCl^3$ et on chauffe ; il se dégage de l'iode.

$$FeCl^3 + KI = I + FeCl^2 + KCl.$$

XXXV. — **Sulfate de Strontium**. SO^4Sr

(CÉLESTINE).

1° Chauffé dans le tube il ne donne rien.

2° Chauffé au chalumeau sur le charbon avec du carbonate de soude il donne du sulfure.

Il est insoluble dans l'eau et dans les acides.

3° On chauffe à l'ébullition le sulfate de strontiane avec une solution de carbonate de soude et on filtre bouillant. La liqueur filtrée est acidulée par l'acide chlorhydrique et on ajoute du chlorure de baryum : on obtient un précipité de sulfate de baryte.

4° La portion insoluble dans le carbonate de soude (le carbonate de strontiane, $CO^3 Sr$,) recueillie sur filtre est dissoute dans l'acide chlorhydrique. On filtre et on ajoute à la liqueur une solution de sulfate de chaux ; on obtient après quelque temps un trouble de sulfate de strontiane, $SO^4 Sr$.

5° On chauffe du sulfate de strontiane avec la solution d'un mélange de 2 parties de carbonate de potasse et de 1 partie de sulfate de potasse et on filtre bouillant. Après lavage à l'eau du résidu, on le dissout dans l'acide chlorhydrique et on évapore à sec la solution. Ce résidu de chlorure de strontiane $SrCl^2$ est arrosé avec de l'alcool et on enflamme ; la flamme est colorée en rouge.

XXXVI. — **Sulfate de Baryte**. $SO^4 Ba$.

(SPATH PESANT).

1° Chauffé dans le tube il ne donne rien.

2° Chauffé au chalumeau sur le charbon avec du carbonate de soude il donne du sulfure.

Il est insoluble dans l'eau et les acides.

3º On chauffe à plusieurs reprises le sulfate de baryte avec une solution de carbonate de soude et on filtre chaque fois à l'ébullition. La solution contient du sulfate de soude (voir XXXV, 3.)

4º La partie insoluble (carbonate de baryte, $CO^3 Ba$) est recueillie sur filtre et dissoute dans l'acide chlorhydrique. Dans la solution on verse une solution de sulfate de chaux et on obtient immédiatement un précipité de sulfate de baryte.

5º Le mélange de carbonate de potasse et de sulfate de potasse (voir XXXV, 5) est sans action sur le sulfate de baryte. Le résidu filtré n'est pas attaqué par l'acide chlorhydrique.

XXXVII. — Cyanure de potassium. CAzK.

La solution aqueuse donne les réactions suivantes :

1º L'acide chlorhydrique met en liberté de l'acide cyanhydrique, reconnaissable à son odeur d'amandes amères. (Poison violent.)

2º Le nitrate d'argent, un précipité blanc, caséeux de cyanure d'argent CAz Ag, soluble dans un excès de cyanure de potassium et dans l'ammoniaque, insoluble dans l'acide nitrique.

3º On ajoute à la solution de cyanure de potassium du perchlorure de fer $FeCl^3$, du sulfate de fer $SO^4 Fe$ et de la soude caustique jusqu'à formation d'un précipité, puis on chauffe. Après avoir acidulé le liquide par l'acide chlorhydrique qui dissout l'oxyde de fer il reste un **précipité de bleu de Prusse**, $3\,FeCy^2 . 4\,FeCy^3$.

I. $\quad 6\,KCy + SO^4\,Fe = 4\,KCy . FeCy^2 + SO^4\,K^2$.

II. $\qquad 3\,(4\,KCy . FeCy^2) + 4\,FeCl^3 =$
$4\,FeCy^3\,3\,FeCy^2 + 12\,KCl$ (voir XVI, 9).

4° Le précipité de bleu de Prusse est jeté **sur un** filtre, lavé à l'eau distillée puis introduit dans un tube à essai avec un peu d'eau et de la soude **caus**tique. Il se forme un précipité de peroxyde de fer $Fe\,(OH)^3$ et la solution contient $4\,NaCy . FeCy^2$.

$$4\,FeCy^3 . 3\,FeCy^2 + 12\,NaOH = 4\,Fe\,(OH)^3$$
$$+ 3\,(4\,NaCy . FeCy^2).$$

On acidule alors par l'acide chlorhydrique et on obtient de nouveau le précipité de bleu de Prusse.

$$3\,(4\,NaCy . FeCy^2) + 4\,Fe\,(OH)^3 + 12\,HCl$$
$$= 4\,FeCy^3 . 3\,FeCy^2 + 12\,NaCl + 12\,H^2O.$$

5° On ajoute à la solution de cyanure de potassium du sulfhydrate d'ammoniaque tenant du soufre en dissolution $(AzH^4)^2\,S^x$ et on évapore au bain marie. Le résidu contient du sulfocyanure de potassium $CAzSK$.

$$KCy + (AzH^4)^2\,S^2 = KCyS + (AzH^4)^2\,S.$$

On le dissout dans l'eau et on y ajoute du per-chlorure de fer; on obtient une coloration rouge sang (voir XVI, 10.)

XXXVIII. — **Acétate de Plomb**.

$$(C^2 H^3 O^2)^2 Pb + 3 H^2 O.$$

(SUCRE DE SATURNE.)

1° Chauffé dans le tube il dégage d'abord de l'eau, puis de l'acide acétique $C^2 H^3 O^2 H$; on a comme résidu du charbon et du plomb métallique.

2° Chauffé sur le charbon au chalumeau avec du carbonate de soude. il donne un grain métallique, malléable et un enduit jaune d'oxyde de plomb PbO.

3° On chauffe le sel dans un tube avec de l'acide sulfurique concentré. Il se dégage de l'acide acétique, reconnaissable à son odeur et à son action sur le papier de tournesol.

4° On arrose le sel avec de l'alcool, on ajoute un volume égale d'acide sulfurique concentré et on chauffe. Il se dégage dans ces conditions de l'éther acétique, $C^2 H^3 O^2 . C^2 H^5$, qui est facilement reconnaissable à son odeur agréable, éthérée.

XXXIX. — **Or**. Au.

(PIÈCE DE MONNAIE).

1° La pièce de monnaie est attaquée par l'eau régale: la solution, qui renferme le sel d'or et le sel de cuivre, est concentrée pour chasser la plus grande partie de l'acide en excès. On reprend le résidu par l'eau, on ajoute à la solution quelques cristaux de sulfate ferreux et on chauffe au bain-marie. Il se forme un précipité jaune d'or métallique qu'on recueille sur filtre et qu'on lave.

Le précipité d'or pur ainsi obtenu est dissous dans l'eau régale ; on ramène à sec la solution pour chasser l'excès d'acide et on reprend le résidu par l'eau.

Cette solution jaune de chlorure d'or, qui est toujours acide au papier à réactif, donne les réactions suivantes :

2° L'hydrogène sulfuré, un précipité noir, insoluble dans les acides, soluble dans le sulfhydrate d'ammoniaque et dans l'eau régale.

3° La potasse ajoutée en petite quantité y produit un précipité jaune rouge d'oxyde d'or, soluble dans un excès de potasse.

4° Les carbonates alcalins ne donnent pas de précipité à froid, à chaud il se dépose de l'hydrate d'or.

5° Le cyanure de potassium, un précipité soluble dans un excès.

6° Une lame de zinc, un dépôt brun d'or métallique.

7° Le sulfate ferreux, un précipité d'or métallique.

$$2\,Au\,Cl^3 + 6\,SO^4\,Fe = 2\,Au + 2\,(FeCl^3)$$
$$+ 2\,(SO^4)^3\,Fe^2.$$

La même réduction est produite par le nitrate mercureux, le chlorure cuivreux, les azotites et les arsénites.

8° La solution de chlorure d'or est réduite par un grand nombre de matières organiques surtout en présence d'un excès de potasse et à chaud.

9° L'acide oxalique ajouté à la solution de chlorure d'or légèrement chauffée y produit un dépôt d'or métallique.

$$2\,AuCl^3 + 3\,C^2H^2O^4 = 6\,HCl + 6\,CO^2 + 2\,Au.$$

10° Soumis à la calcination le chlorure d'or se décompose et donne comme résidu de l'or métallique.

11° Si on verse dans une solution de chlorure d'or une solution de chlorure stanneux et quelques gouttes d'acide nitrique, on a un précipité rouge foncé (pourpre de Cassius) ; si les solutions sont étendues on n'a qu'une coloration rouge.

XL. — **Chlorure de Platine**. $PtCl^4$.

1° A la calcination le chlorure de platine se décompose et donne comme résidu du platine pur, soluble seulement dans l'eau régale. La solution de ce sel est colorée en rouge brun ; elle donne les réactions suivantes :

2° L'hydrogène sulfuré, un précipité noir ; ce précipité est soluble dans le sulfhydrate d'ammoniaque, insoluble dans l'acide chlorhydrique et dans l'acide nitrique mais très-soluble dans l'eau régale.

3° Si l'on verse dans une solution de chlorure de platine, additionnée d'alcool, une solution concentrée de chlorure de potassium, on obtient un précipité jaune cristallin de $PtCl^4 (KCl)^2$. Ce précipité un peu soluble dans l'eau est complètement insoluble dans l'alcool à 80° (Le sel de soude correspondant est soluble).

4° Le chlorhydrate d'ammoniaque (et en général le chlorhydrate de toutes les ammoniaques composées), versé dans une solution de chlorure de platine additionnée d'alcool, donne un précipité jaune cristallin de $PtCl^4 (AzH^4 Cl)^2$, complètement insoluble dans l'alcool à froid. Si on calcine ce précipité on a un résidu de platine pur en éponge.

5° Si on ajoute à une solution de chorure de platine du formiate de soude et de la soude en excès on obtient, en chauffant modérément, un précipité noir de platine métallique avec dégagement d'acide carbonique.

$$PtCl^4 + 4\,NaOH + 2\,CHO.ONa = Pt + CO^2 + CO^3\,Na^2 + 4\,NaCl + 3\,H^2O.$$

6° Le sulfate ferreux ne réduit pas la solution des sels de platine.

DEUXIÈME PARTIE.

MARCHE MÉTHODIQUE
DE L'ANALYSE.

A. — EXAMEN PRÉALABLE.

I. — On chauffe une partie de la substance dans un tube à essai et on observe :

1° *Un dégagement d'eau.* Cette eau est alcaline (ammoniaque), acide, (acide chlorhydrique, acide sulfureux......) ou neutre (eau de cristallisation).

2° *La formation d'un sublime.* Des gouttelettes brunes qui par refroidissement se prennent en une masse jaune: soufre. — Un sublimé blanc ; sels ammoniacaux, chorure mercureux, chlorure mercurique, acide arsénieux, oxyde d'antimoine. — Un sublimé jaune , iodure mercurique HgI^2, sulfure d'arsenic $As^2 S^3$. — Un sublimé noir : sulfure de mercure $Hg S$ qui devient rouge si on le broie, — Un sublimé métallique : une couche miroitante, arsenic; des gouttelettes, mercure.

3° *Un dégagement de gaz.* Oxygène : peroxydes, chlorates et nitrates. — Oxyde de carbone : oxalates. — Acide carbonique : carbonates (le gaz trouble une goutte d'eau de baryte). — Ammoniaque : sels ammoniacaux. — Acide sulfureux. (reconnaissable à son odeur et à sa réaction acide). — Hydrogène sulfuré. — Cyanogène (odeur piquante, brûle **avec** une flamme pourpre. — Peroxyde d'azote (vapeurs rousses) : nitrates,

4° *La substance fond.* Sels alcalins.....

5° *La substance ne fond pas, mais pendant qu'on la chauffe sa couleur change.* La substance blanche devient jaune, mais par refroidissement redevient blanche : oxyde de zinc $Zn O$. — La substance blanche devient jaune foncé et par refroidissement jaune clair : Bioxyde d'étain SnO^2. — La substance blanche ou jaune clair devient jaune foncé et par refroidissement jaune clair : oxyde de bismuth $Bi^2 O^3$ (fusible). — La substance blanche ou jaune passe au rouge foncé et par refroidissement au jaune : PbO (fusible), — La substance rouge devient noire et rouge par refroidissement : oxyde de mercure, HgO, (volatil); peroxyde de fer, $Fe^2 O^3$, (non volatil). — La substance rouge devient jaune : biiodure de mercure HgI^2.

6° *La substance noircit* : substance organique.

7° *La substance ne subit aucun changement.* Carbonate de baryte, sulfate de baryte.

II. — Essai sur le charbon au chalumeau.

1° *La substance déflagre* : chlorate et nitrate.

2° *La substance fond*, pénètre dans les pores du charbon ou forme un verre transparent : sels alcalins ; le résidu est alcalin (carbonate, nitrate).

3° *La substance ne fond pas* ; les terres, la silice SiO^2 et l'oxyde de zinc ZnO.

4° *La substance portée à l'incandescence brille avec un vif éclat :* ZnO, SrO, MgO, CaO.

Dans les essais 3 et 4 on doit s'assurer s'il y a dégagement d'une odeur : l'odeur d'ail, arsenic ; l'odeur de l'acide sulfureux ou de l'ammoniaque.

III. — Essai sur le charbon au chalumeau avec le carbonate de soude.

1° *On obtient du sulfure :* toutes les combinaisons du soufre (voir Ex : III, 3).

Une poudre métallique, grise, sans enduit: fer [1], nickel [1], cobalt [1], molybdène, tungstène [2], platine.

---

(1) Magnétique.

(2) La réduction de l'acide tungstique ne réussit qu'en présence d'une petite quantité de carbonate de soude.

3º *Un grain métallique sans enduit.* Grain métallique rouge : cuivre (la flamme du chalumeau se colore en même temps en vert). — Grain métallique blanc : 1º argent (donne quelquefois un faible enduit rouge foncé); 2º étain (la réduction est facilitée par l'addition de borax et surtout de cyanure de potassium). Tenu longtemps à l'incandescence, le grain métallique devient jaune et par refroidissement blanc ; il est fixe, c'est SnO^2. — Un grain métallique jaune ; l'or.

4º *Un grain métallique avec enduit* : *a*. Le grain métallique est malléable, l'enduit jaune : plom**b**, (chauffé dans le feu de réduction, l'enduit se volatilise en colorant la flamme en bleu). — *b*. Le grain métallique est cassant. Si l'enduit est blanc, volatil, c'est l'antimoine. (voir Ex : XXVIII, 2). L'enduit disparaît rapidement dans la flamme oxydante avec des reflets verts. Si l'enduit est jaune, à chaud jaune foncé, c'est du bismuth. Cet enduit est d'un jaune plus clair que celui du plomb ; il est volatil dans la flamme de réduction sans la colorer.

5º *Un enduit sans grain métallique.* Blanc, très volatil (odeur d'ail) ; disparaît quand on le chauffe avec des reflets bleuâtres : arsenic. — Blanc, jaune à chaud : zinc (cet enduit disparaît dans le feu de réduction, mais non dans le feu d'oxydation). — Rouge brun : cadmium, plus visible par refroidissement.

IV. — Coloration de la perle avec le sel de phosphore (1).

On chauffe d'abord dans le feu d'oxydation.

	FLAMME OXYDANTE.	FLAMME RÉDUCTRICE.
Verte...	Cr (vert émeraude). Ur (vert jaunâtre). Cu (à chaud).	Cr, Ur. Mo. Fe(2) (avec une petite quantité de substance et quand la perle se refroidit
Bleue ..	Co. Cu (à froid).	Co , W. (3)
Jaune...	Ag (couleur opale avec beaucoup de substance). Bi (à chaud — à froid : incolore) Ur (à chaud — à froid : jaune verdâtre). Pb, Cd, Ti (à chaud — à froid : incolore) (4). Fe, Ni (par refroidissement)(4).	Ti (à chaud — à froid : violet). Ni.
Rouge..	Fe (à chaud : rouge brun ; — à froid : plus clair jusqu'à incolore). Ni (à chaud ; — à froid : plus clair jusqu'à incolore).	Cu (2) (à froid : rouge brun, opaque).
Violette.	Mn.	Ti (2) (à froid).
Grise ... (Mét. réduits)		Ag, Pb, Bi(2) (à froid). Ni. (2)
Squelette insoluble..	SiO2.	SiO2.

(1) On peut, au lieu du sel de phosphore, se servir du métaphosphate de soude qu'on obtient en fondant le sel de phosphore. Ce sel mousse moins et tombe moins facilement du fil de platine. On fait en sorte, autant que possible, d'obtenir des perles plates. Dans ce but, l'extrémité du fil de platine est recourbée en crochet de 3 millimètres de diamètre et applatie avec un marteau.

(2) Après addition d'amalgame d'étain.

(3) S'il y a du fer la perle est rouge.

(4) Avec beaucoup de substance.

V. — Coloration de la flamme.

On chauffe le sel humecté d'acide chlorhydrique dans la partie extérieure de la flamme d'une lampe à gaz (ou dans le feu d'oxydation du chalumeau) la flamme devient :

Jaune :   sodium.
Rouge : strontium, lithium, calcium (rouge jaunâtre).
Verte :   baryum (jaune verdâtre), thallium.
Bleue :   chlorure de cuivre [1] $CuCl^2$.
Violette : potassium.

VI. — Dissolution de la Substance.

1° *La substance est solide, mais ce n'est pas un métal.* On essaie d'abord la solubilité dans l'eau. Si la substance se dissout complètement ou en grande partie, on en fait dissoudre une plus grande quantité (1 à 3 gr.) et on opère sur la solution aqueuse ainsi obtenue.—Si la substance est insoluble ou peu soluble dans l'eau, on évapore sur une lame de platine quelques gouttes de la solution filtrée et on examine s'il y a un résidu solide, volatil ou non. Si le résidu

---

(1) La plupart des autres sels de cuivre colorent la flamme en vert.

est insignifiant on considère la substance comme insoluble dans l'eau. On la traite alors par l'acide chlorhydrique étendu et on observe s'il y a un dégagement d'acide carbonique, d'hydrogène sulfuré, d'acide cyanhydrique.

Si la substance ne se dissout pas dans l'acide chlorhydrique étendu même à chaud, on fait agir l'acide chlorhydrique concentré (on peut observer un dégagement de chlore dû aux peroxydes, chromates, chlorates). — On traite ensuite par l'acide nitrique le résidu insoluble dans l'acide chlorhydrique ; enfin si on a encore un résidu insoluble on le traite par l'eau régale. On obtient l'eau régale en faisant un mélange de 3 parties d'acide chlorhydrique concentré et de 1 partie d'acide nitrique concentré. Si l'on a à dissoudre une combinaison du soufre, il est plus avantageux d'employer 3 parties d'acide nitrique pour une partie d'acide chlorhydrique.

Pour les corps insolubles dans les acides, voir § 51, page 101.

2° *La substance est dissoute*. On examine l'action de cette solution sur le tournesol ; on en évapore à sec une portion et on soumet le résidu à l'examen préalable.

3° *La substance est un métal*. On la traite d'abord par l'acide nitrique. L'or et le platine restent insolubles à l'état métallique ; l'antimoine et l'étain (contenant quelquefois de l'arsenic) restent insolu-

bles à l'état d'oxydes blancs ([1]). — L'or et le platine
se dissolvent dans l'eau régale. Le résidu insoluble
dans l'acide nitrique, l'oxyde d'antimoine et l'oxyde
d'étain, est recueilli sur filtre et on le traite, après
lavage, comme à la remarque du § 50, ou bien on
le dissout dans l'acide chlorhydrique et on continue
comme au § 49.

4° On cherche à obtenir autant que possible des
solutions concentrées. — On doit éviter la présence
d'un grand excès d'acide (l'acide nitrique notam-
ment, qui rend moins nette l'action de l'hydrogène
sulfuré). On se débarrasse de l'acide en excès par
évaporation. Cette opération peut cependant occa-
sionner des pertes. Ainsi l'arsenic d'une solution
d'acide arsénieux dans l'acide chlorhydrique se
volatilise à l'état de chlorure d'arsenic $AsCl^3$. On
ajoute dans ce cas à la solution du chlorate de
potasse ou de l'acide nitrique.

En général il faut examiner séparément la solution aqueuse et la solution dans les acides. Dans la
première on a les sels alcalins. les nitrates, chlorates,
sulfates et pas de phosphates terreux, solubles seu-

---

(1) En traitant la substance par une quantité trop grande
d'acide nitrique concentré . on peut obtenir un précipité abondant, blanc, cristallin, qu'on peut confondre avec les
oxydes SnO^2 et SbO^2. Les nitrates, en effet, solubles dans
l'eau, sont insolubles dans l'acide nitrique concentré ; mais
ces précipités se dissolvent facilement dans l'eau chaude,
après décantation de l'acide

lement dans les solutions acides. Les alcalis se trouvent rarement dans les solutions acides. — Il est inutile d'examiner séparément les solutions dans l'acide chlorhydrique et dans l'acide nitrique quand celles-ci se mélangent sans donner de précipité.

B. — RECHERCHE DES BASES.

On ajoute de l'acide chlorhydrique (1) à la solution aqueuse de la substance ; on étend d'eau la liqueur acide ainsi obtenue, puis. sans tenir compte du précipité qui peut se former, on y verse une solution d'hydrogène sulfuré. Le précipité contient les métaux des groupes V et VI.

On filtre pour séparer le précipité fourni par l'hydrogène sulfuré. puis on ajoute de l'ammoniaque en excès et du sulfhydrate d'ammoniaque ; le précipité qui se forme dans ces conditions contient les métaux des groupes III et IV.

On traite une portion de la liqueur précédente, filtrée, par l'ammoniaque et le phosphate de soude $PhO^4 Na^2 H$; on précipite ainsi les terres, groupe II.

---

(1) La réaction acide d'une solution n'est pas une preuve certaine de la présence d'acide libre. Ainsi, une solution aqueuse de sulfate de zinc pur a une réaction acide. La solution aqueuse de la substance doit donc toujours être acidulée ; on ne peut séparer, par exemple, le zinc du cuivre par l'hydrogène sulfuré qu'en présence d'acide libre.

Division des métaux en groupes d'après leur action sur les réactifs principaux.

H_2S précipite la solution acide ; ce précipité est dans $(AzH_4)_2S$		$(AzH_4)_2S$ précipite la solution ammoniacale à l'état :		PhO_4Na_2H précipite :	Ne précipitent pas par les réactifs précédents :
Soluble	Insoluble	de sulfure	d'oxyde hydraté		
As	Hg	Ni	Al	Ba	K
Sb	Ag	Co	Cr	Sr	Na
Sn	Pb	Fe		Ca	AzH₃
Au	Bi	Mn		Mg	(Li)
Pt	Cu	Zn			
	Cd	Les phosphates et les oxalates terreux (Ur)			
VI	V	IV	III	II	I

PREMIER GROUPE.

Alcalis : K, Na, AzH³, (Li).

1. — La liqueur qui ne donne aucun précipité par
l'hydrogène sulfuré et le sulfhydrate d'ammoniaque ou celle dont on a précipité les métaux des

groupes III, IV. V, et VI par ces mêmes réactifs, si elle ne contient pas de sels terreux (groupe II), est évaporée à sec et le résidu calciné pour chasser les sels ammoniacaux. On a dans le résidu : K. Na, (Li).

2. — Une partie du résidu est chauffée sur un fil de platine dans la flamme d'un bec de gaz ou du chalumeau et on observe :

Une coloration jaune de la flamme : sodium (Essai avec le bichromate de potasse, voir Ex : 1, 2 page 7).

Une coloration violette : potassium. En présence du sodium le potassium ne peut être décelé dans la flamme que par un prisme indigo. (voir Ex : V, 3 page 12).

Une coloration rouge : lithium. (¹)

Séparation du potassium et du sodium par voie humide.

Le résidu (§ 2) ne contenant pas d'ammoniaque est dissous dans très peu d'eau puis on ajoute du

---

(1) La présence du lithium, de même que celle du potassium est complètement masquée dans la flamme par le sodium, quand ces métaux sont mélangés. On reconnaît dans ce cas facilement le lithium au moyen du spectroscope.— Pour séparer le lithium, on traite le résidu contenant les chlorures de potassium, de sodium et de lithium par un mélange d'éther et d'alcool absolu. Le chlorure de lithium seul se dissout. Une solution aqueuse concentrée de chlorure de lithium donne avec une solution de carbonate d'ammoniaque $CO^3 (AzH^4)^2$ un précipité blanc de carbonate de lithine $CO^3 Li^2$.

chlorure de platine Pt Cl^4 et de l'alcool ; on obtient un précipité jaune qui contient le potassium à l'état de 2 KCl PtCl^4. La liqueur est filtrée, évaporée à sec, le résidu calciné. On enlève le sel de soude en traitant le produit calciné par l'eau. (Essai de la coloration de la flamme.) — En présence de l'iode, on reconnaît plus facilement le potassium par le bitartrate de soude. (voir Ex : V, 4, page 12).

3. — *Recherche de l'ammoniaque.* — Une partie de la substance primitive est placée dans une capsule de porcelaine et arrosée avec une solution de soude. L'odeur du gaz qui se dégage, sa réaction alcaline et les fumées qui se produisent en approchant une baguette de verre trempée dans l'acide acétique ou chlorhydrique, mettent en évidence l'ammoniaque.

DEUXIÈME GROUPE.

Terres : Ca, Ba, Sr, Mg.

4. — Une partie de la liqueur filtrée provenant de la précipitation par le sulfhydrate d'ammoniaque, après avoir été traitée comme au § 10 page 73, est additionnée d'ammoniaque et de phosphate de soude ; si on a un précipité, on traite une autre partie de la liqueur par une solution de gypse ; il se produit aussitôt un trouble dans la liqueur : baryum (voir § 10) ; le liquide se trouble seulement après quelque temps : strontium et absence de baryum.

5. — Quand on a constaté la présence du baryum et du strontium, on ajoute au reste de la liqueur, qui ne peut contenir que les métaux des groupes I et II, du sulfate d'ammoniaque, $SO^4(AzH^4)^2$, (1 partie de sel dissoute dans 4 parties d'eau) et on chauffe un moment. Le précipité contient le baryum et le strontium (§ 6) ; la liqueur filtrée renferme le calcium, le magnésium et les alcalis (§ 7).

6. — Le précipité de sulfate de baryum et de sulfate de strontium, recueilli sur filtre et lavé convenablement est chauffé avec un mélange de carbonate de potasse et de sulfate de potasse (voir Ex : **XXXV**, 5, page 52 et Ex : **XXXVI**, 5, page 53).

On filtre de nouveau et le précipité, lavé avec soin, est traité par l'acide chlorhydrique. Le carbonate de strontiane se dissout avec effervescence. On caractérise le strontium dans la liqueur par l'eau de gypse ou par la coloration de la flamme. (voir Ex : **XXXV**, 4-5, page 52).

7. — La liqueur dont on a séparé par filtration le sulfate de baryte et le sulfate de strontium est traitée par l'oxalate d'ammoniaque $C^2O^4(AzH^4)^2$; on précipite le calcium. Une partie de la liqueur, filtrée, séparée de l'oxalate de chaux, C^2O^4Ca. (ou la liqueur dans laquelle l'oxalate d'ammoniaque ne donne aucun précipité) est traitée par l'ammoniaque et le phosphate de soude ; on précipite ainsi le magnésium. Si la liqueur ne contient pas de magnésium on la traite avec le reste comme au (§ 1).

Si la liqueur (§ 4) ne contient ni baryum, ni strontium on la traite immédiatement par l'oxalate d'ammoniaque pour précipiter la chaux (§ 7).

8. — *Présence du magnésium*. — La liqueur débarrassée du baryum, du strontium et du calcium, dont on a conservé une portion pour la recherche du magnésium, est évaporée à sec et on calcine pour chasser les sels ammoniacaux. Le résidu est dissous dans l'eau ; on ajoute à la liqueur du lait de chaux (ou de l'eau de baryte), ne contenant pas d'alcali, jusqu'à réaction alcaline et on fait bouillir. On filtre et on recueille un mélange de magnésie et de chaux en excès.

On lave le précipité ; la liqueur filtrée et les eaux de lavage sont réunies et concentrées. On précipite la chaux dissoute par l'ammoniaque et le carbonate d'ammoniaque (ou par l'oxalate d'ammoniaque) ou par l'acide sulfurique si on a employé l'eau de baryte. On filtre pour séparer le carbonate de chaux précipité (l'oxalate de chaux ou le sulfate de baryte), on évapore à sec et on calcine. On a dans le résidu le potassium et le sodium (voir § 2).

On recherche l'ammoniaque (voir § 3),

TROISIÈME ET QUATRIÈME GROUPES.

Al, Cr, Ni, Co, Fe, Mn, Zn, (Ur).

9. — Une partie de la liqueur qui ne précipite pas
par l'hydrogène sulfuré ou de celle dont on a déjà
éliminé les métaux des groupes V et VI par l'hydrogène sulfuré est additionnée d'ammoniaque jusqu'a réaction alcaline, puis de sulfhydrate d'ammoniaque sans tenir compte du précipité qui peut se
former après addition de l'ammoniaque. S'il se
forme un précipité par l'ammoniaque ou le sulfhydrate d'ammoniaque on traite toute la liqueur de
la même manière. On chauffe doucement, on filtre,
et on lave le précipité avec de l'eau contenant une
petite quantité de sulfhydrate d'ammoniaque pour
éviter l'oxydation des sulfures. — En présence du
nickel. la liqueur filtrée est ordinairement rendue
louche et d'une couleur brune par une petite quantité de sulfure de nickel dissous.

10. — La liqueur filtrée et les eaux de lavage sont
réunies ; tout d'abord on y recherche les terres
et, après ces essais d'après § 5, on traite comme
au § 1. Comme l'excès de sulfhydrate d'ammoniaque peut-être nuisible pour les réactions du
baryum et du strontium, il est bon avant tout
d'évaporer à moitié de son volume la liqueur dont
on a séparé le précipité par le sulfhydrate d'ammo-

niaque, d'y ajouter un peu d'acide chlorhydrique et de faire bouillir pour décomposer une petite quantité d'hyposulfite d'ammonium $S^2O^3(AzH^4)^2$ formé. Dans une portion du liquide filtré on verse comme au § 4 de l'eau de gypse pour la recherche du baryum et du strontium (trouble après quelque temps.) Pour séparer dans le reste de la liqueur le baryum et le strontium, il faut d'abord la rendre faiblement alcaline par l'ammoniaque avant d'ajouter le sulfate d'ammoniaque (§ 5.)

11. — On enlève du filtre avec une spatule de corne le précipité contenant les métaux des groupes III et IV après l'avoir bien lavé ; on l'introduit dans un petit ballon, on y verse de l'acide chlorhydrique étendu (1 partie d'acide chlorhydrique, 1,12, pour 5 parties d'eau) et on laisse digérer à une douce chaleur. S'il reste un résidu noir, cela indique la présence du cobalt et du nickel (§ 12). S'il reste un précipité blanc, peu abondant, c'est du soufre [1]. On filtre et on traite la liqueur d'après le § 13.

12. — *Séparation du nickel et du cobalt.* — On essaie une partie du précipité bien lavé au chalumeau dans le feu d'oxydation avec le sel de phosphore

---

[1] En présence d'une grande quantité de fer, il reste quelquefois un faible résidu noir, insoluble, de sulfure de **fer**. La solution de ce résidu dans l'acide nitrique (§ 12) donne avec l'ammoniaque un précipité rouge d'hydrate de peroxyde de fer $Fe(OH)^3$ et, dans le cas où il n'y a pas de cobalt et de nickel, le liquide filtré est incolore.

(ou le borax). On obtient une perle bleue : cobalt ;
une perle jaune ou rouge : nickel et absence du
cobalt ([1]).

Si on a constaté la présence du cobalt, on dissout
le reste du sulfure dans l'acide nitrique concentré,
on concentre la solution par évaporation, on la neutralise par le carbonate de soude, on ajoute un
excès d'azotite de potasse AzO^2K et quelques
gouttes d'acide acétique. Après vingt-quatre heures,
on filtre pour séparer le précipité jaune (voir
Ex : XX, 4). On traite le liquide filtré par une nouvelle quantité d'azotite de potasse pour séparer un
peu de cobalt qui peut encore s'y trouver et on précipite enfin de la liqueur par la soude l'hydrate de
nickel vert $Ni(OH)^2$.

Pour reconnaître la présence du nickel en présence
du cobalt, on peut aussi dissoudre le mélange de
sulfure de nickel et de sulfure de cobalt dans l'acide
nitrique concentré, neutraliser la solution par le
carbonate de soude et ajouter ensuite du cyanure
de potassium jusqu'à ce que le précipité, formé
d'abord, soit redissous. On ajoute alors de l'hypochlorite de soude tant que le liquide, même après

---

(1) On peut aussi reconnaître par voie humide de petites
quantités de cobalt. On dissout le mélange de sulfure de nickel
et de sulfure de cobalt dans l'acide nitrique concentré ; on
précipite par la potasse, on filtre et on place le précipité non
lavé dans un tube à essai. On ajoute de la potasse en plaque,
un peu d'eau et on chauffe. La solution se colore en bleu s'il
y a du cobalt.

agitation, conserve l'odeur de ce réactif, (ou mieux de l'eau de brôme jusqu'à ce que le liquide, après agitation, paraisse coloré en jaune), puis on chauffe. On a un précipité noir de peroxyde de nickel, $Ni^2 O^3$.

13. — La solution chlorhydrique du précipité renfermant le reste des métaux des groupes III et IV est portée à l'ébullition pour chasser l'hydrogène sulfuré qu'elle tient en dissolution ; puis, s'il y a du fer [1], on l'oxyde en chauffant la solution avec un peu de chlorate de potasse ou d'acide nitrique. Pour ce qui suit, la marche à suivre varie suivant la présence ou l'absence du chrôme. S'il y a du chrôme,la solution chlorhydrique (§ 11) est colorée en violet ou en vert. On reconnaît d'ailleurs facilement le chrôme à la perle verte qu'il donne avec le sel de phosphore.

ABSENCE DU CHRÔME.

14. — *Le précipité par le sulfhydrate d'ammoniaque était peu coloré* : Al, Mn, Zn, (absence de fer). — La solution chlorhydrique (§ 13) est traitée par un excès de soude. On précipite le manganèse à l'état d'hydrate, Mn (O H)². (Essai du précipité au chalumeau avec le carbonate de soude et l'azotate

---

[1] Quant il y a du fer , le précipité par le sulfhydrate d'ammoniaque est noir.

de potasse, voir Ex.: XVII, 9, p. 29). — Le liquide
filtré d'où on a séparé le précipité de Mn (O H)² est
partagé en deux portions: l'une est acidulée par l'acide
chlorhydrique, puis traitée par un excès d'ammoniaque ; on précipite l'alumine. L'autre partie est
traitée par une solution d'hydrogène sulfuré ; on
précipite le zinc.

5. — *Le précipité par le sulfhydrate d'ammoniaque était d'une couleur foncée.* (Présence du
fer).

On traite d'après le § 25. — Ou :

On traite la solution chlorhydrique (§ 13) par une
solution de carbonate de soude jusqu'à formation
d'un précipité persistant, qui est soluble dans un
peu d'acide acétique. On ajoute de l'acétate de
soude et on chauffe jusqu'à ce que le liquide dans
lequel se trouve le précipité formé soit devenu incolore. Si le liquide est coloré en brun ou en jaune.
c'est qu'il manque de l'acétate de soude ou qu'on n'a
pas chauffé assez longtemps.

On a dans le précipité : l'alumine et le fer (§ 16);
dans la liqueur filtrée, le manganèse et le zinc,
(§ 17).

6. — On dissout le précipité contenant l'alumine
et le fer, après l'avoir bien lavé. dans un peu
d'acide chlorhydrique, on ajoute de la soude en
excès et on chauffe ; on précipite ainsi le fer à
l'état de peroxyde. (On caractérise ce précipité en
le dissolvant dans l'acide chlorhydrique et traitant

cette solution par le sulfocyanure de potassium ou par un peu de prussiate jaune, voir Ex : XVI, 9-10 p. 26). La liqueur, séparée par filtration du précipité de peroxyde de fer, est acidulée par l'acide chlorhydrique et on ajoute ensuite de l'ammoniaque jusqu'à réaction alcaline ; on précipite ainsi l'alumine $Al^2 O^3$ (1).

17. — On fait passer un courant d'hydrogène sulfuré dans la liqueur filtrée contenant le zinc et le manganèse. On précipite le zinc à l'état de sulfure. — On filtre pour séparer le précipité de sulfure de zinc ; la liqueur filtrée ne doit plus précipiter par l'hydrogène sulfuré ; on la sature par l'ammoniaque et on ajoute du sulfhydrate d'ammoniaque ; on obtient un précipité couleur chair qui renferme le manganèse.

PRÉSENCE DU CHRÔME.

La solution primitive du corps est verte ou violette si elle contient un sel d'oxyde de chrôme, jaune ou rouge si elle contient un chromate.

---

(1) Si la solution de soude caustique contient de la silice ou de l'alumine, elle donne dans ces conditions, traitée par l'acide chlorhydrique et l'ammoniaque, un précipité. Il faut donc essayer la soude en opérant sur la même quantité. On peut aussi, pour séparer l'oxyde de fer de l'alumine, employer l'eau de baryte au lieu de la soude.

18. — On neutralise avec précaution par le carbonate de soude, de façon qu'il n'y ait pas de précipité persistant, la solution chlorhydrique (§ 13), celle qui a été traitée par le chlorate de potasse ou l'acide nitrique. On ajoute alors au liquide tout à fait refroidi du carbonate de baryte lavé ; on agite plusieurs fois le mélange, sans chauffer et on le laisse reposer quelque temps à froid ; on filtre lorsque le liquide paraît incolore.

Le précipité contient : l'alumine, le fer, le chrôme (§ 19).

La liqueur contient le zinc et le manganèse (§ 23).

19. — Le précipité bien lavé est dissous dans l'acide chlorhydrique, et, sans filtrer, on précipite par l'acide sulfurique la baryte qui se trouve dans la solution. On chauffe, on filtre, on traite la solution chaude par l'ammoniaque et on précipite ainsi : Fe^2O^3, Cr^2O^3, Al^2O^3. Ce précipité est recueilli sur filtre, lavé, enlevé du filtre, placé dans une capsule de porcelaine et dissous dans la quantité nécessaire d'acide nitrique concentré. On ajoute à la solution quelques cristaux de chlorate de potasse et on chauffe quelques minutes : on ajoute à plusieurs reprises des cristaux de chlorate de potasse jusqu'à ce que la liqueur ait pris nettement une teinte jaune brune. On ajoute alors un excès de soude caustique et on chauffe. On précipite ainsi le fer à l'état de Fe^2O^3 (§ 20) et la liqueur contient le chrôme et l'alumine (§ 21-22).

20 — *Fer*. — Le précipité de $Fe^2 O^3$ [1] est recueilli sur filtre et essayé comme au § 16.

21. *Alumine*. — La liqueur filtrée, alcaline, d'où on a séparé $Fe^2 O^3$, est acidulée par l'acide nitrique, et, par addition d'un excès d'ammoniaque, on précipite l'alumine. Pour caractériser l'alumine, on chauffe ce précipité sur le charbon au chalumeau, puis on l'arrose avec quelques gouttes d'une solution de nitrate de cobalt et on chauffe de nouveau fortement au chalumeau. On obtient ainsi un masse bleue, infusible.

22. *Chrôme*. — La liqueur, séparée du précipité d'alumine par filtration, a une coloration jaune due au chromate. Cette liqueur est acidulée par l'acide acétique et, en ajoutant de l'acétate de plomb, on a un précipité de chromate de plomb jaune.

---

(1) L'urane qui accompagne le fer est toujours, par les méthodes que nous venons d'indiquer, précipité à l'état d'oxyde $Ur^2 O^3$ en même temps que $Fe^2 O^3$. Pour séparer le fer de l'urane, on dissout le mélange des deux oxydes dans l'acide chlorhydrique, on neutralise exactement la solution par l'ammoniaque et on y ajoute un mélange de sulfhydrate d'ammoniaque et de carbonate d'ammoniaque. Le sulfure de fer seul est précipité. On filtre et on acidule la liqueur par l'acide chlorhydrique ; on chauffe, on oxyde par l'addition d'acide nitrique et on précipite par l'ammoniaque l'oxyde d'urane jaune $Ur^2 O^3$. On essaie cet oxyde au chalumeau et on a avec le sel de phosphore une perle verte et jaune. On peut aussi le dissoudre dans un peu d'acide chlorhydrique et ajouter à la solution du prussiate jaune qui donne un précipité rouge brun.

23. *Manganèse et zinc.* — La liqueur, séparée par filtration du précipité obtenu avec le carbonate de baryte (§ 18), est débarrassée, par l'addition d'acide sulfurique, de la baryte qu'elle tenait en dissolution. On ajoute alors à la liqueur chaude du carbonate de soude qui précipite le manganèse et le zinc. On essaie une partie du précipité par le nitrate de potasse et le carbonate de soude pour voir s'il contient du manganèse. Si on a constaté la présence du manganèse, on dissout le reste du précipité dans l'acide acétique et on traite la solution par l'hydrogène sufuré. On précipite ainsi le zinc à l'état de sulfure et la liqueur filtrée est traitée comme au § 17 pour précipiter le manganèse.

24. Remarque. — FeO et $Fe^2 O^3$. — Comme dans la marche méthodique de l'analyse qualitative, le fer est toujours isolé à l'état de peroxyde $Fe^2 O^3$, il faut un essai spécial sur la substance elle-même pour déterminer le degré d'oxydation du fer. Pour reconnaître si le fer est à l'état de protoxyde FeO, on ajoute à la solution acidulée de la substance du prussiate rouge qui produit un précipité bleu (bleu de Turnbull $3\,FeCy^2 . 2\,FeCy^3$). Le peroxyde de fer $Fe^2 O^3$ se reconnaît comme on l'a vu à l'Ex : XVI, 9-10. — Ces réactions, il est vrai, ne se font bien qu'en l'absence des combinaisons qui peuvent agir de la même façon sur les réactifs employés (prussiate, sulfocyanure de potassium). Le prussiate rouge, par exemple, produit dans la solution de la

plupart des sels métalliques des précipités colorés.
— On observe en outre que, si la substance est dissoute dans l'acide nitrique, ou dans l'acide chlorhydrique en présence de peroxydes, d'acide nitrique ou d'acide chromique, etc., le protoxyde de fer de la subtance se conduit comme du peroxyde.

25. — Si l'on veut aussi, en l'absence du chrôme, séparer par le carbonate de baryte (§ 18) les métaux des groupes III et IV on traite la liqueur filtrée, pour séparer le manganèse du zinc, d'après le § 23. On dissout le précipité d'alumine, de peroxyde de fer et de carbonate de baryte en excès dans l'acide chlorhydrique comme dans le § 19. Sans filtrer on précipite la baryte dissoute par l'acide sulfurique, puis on ajoute simplement à la solution filtrée de la soude en excès. On caractérise alors l'alumine et le fer comme au § 20-21.

PRÉSENCE DES PHOSPHATES ET DES OXALATES TERREUX.

26. *Acide oxalique* $C^2 H^2 O^4$. — Une portion du précipité par le sulfhydrate d'ammoniaque est chauffée pendant quelque temps avec un excès de carbonate de soude. On filtre bouillant et on acidule la liqueur par l'acide acétique, puis on ajoute une solution de chlorure de calcium. On obtient un précipité d'oxalate de chaux qu'on essaie comme à l'Ex : XXXII, 2, p. 48.

27. — Quand on a constaté la présence de l'acide

oxalique on sèche le reste du précipité obtenu avec le sulfhydrate d'ammoniaque, et on le calcine dans un creuset de porcelaine couvert pour détruire l'acide oxalique. Le résidu est dissous dans l'acide chlorhydrique, la solution saturée par un excès d'ammoniaque, puis précipitée par le sulfhydrate d'ammoniaque. Les terres, unies précédemment à l'acide oxalique, restent alors dissoutes et sont décelées dans la liqueur filtrée, pour séparer le précipité produit par le sulfhydrate d'ammoniaque, comme au § 4. En l'absence d'acide oxalique, on traite de suite le reste du précipité obtenu avec le sulfhydrate d'ammoniaque d'après le § 28.

28. — Le précipité obtenu avec le sulfhydrate d'ammoniaque, débarrassé d'acide oxalique, est mis en digestion avec de l'acide chlorhydrique (§ 11). S'il y a un résidu noir, cela indique la présence du nickel et du cobalt (§ 12). On traite la solution par l'acide nitrique ou le chlorate de potasse pour oxyder le fer qui peut s'y trouver; puis, avant tout, on recherche dans une petite portion de la solution, s'il y a du fer et de l'acide phosphorique d'après les § 29, 30.

29. *Fer.* — On recherche le fer par le sulfocyanure de potassium, ou le prussiate jaune.

30. *Acide phosphorique.* — A une solution de molybdate d'ammoniaque, acidulée par l'acide nitrique, on ajoute goutte à goutte, en ayant soin d'éviter d'en mettre un excès, un peu de la solution chlorhydrique du précipité obtenu avec le sulfhydrate d'ammoniaque et qu'on a préalablement fait bouillir pour chasser l'excès d'hydrogène sulfuré. On porte à l'ébullition et on a un précipité jaune qui indique la présence de l'acide phosphorique (voir § 59, p. 107). S'il n'y a pas de fer, on ajoute à la solution, qui ne doit pas être trop acide, du précipité obtenu par le sulfhydrate d'ammoniaque, de l'acétate de soude en excès, et ensuite une goutte de perchlorure de fer. On obtient un précipité floconneux, blanc jaunâtre de phosphate de fer $PhO^4 Fe$.

31. — On neutralise exactement par le carbonate de soude le reste de la solution chlorhydrique du précipité obtenu par le sulfhydrate d'ammoniaque (il peut se former un précipité qu'on redissout dans un peu d'acide acétique), et on ajoute de l'acétate de soude. Si dans ces conditions le liquide ne prend pas une coloration rouge, on ajoute du perchlorure de fer jusqu'à ce que cette coloration apparaisse. Alors on chauffe tant que le liquide qui surmonte le précipité soit devenu tout-à-fait incolore. On filtre bouillant et on lave bien le précipité. Ce précipité renferme le fer, l'alumine, l'acide phosphorique ; la liqueur contient en dissolution le manganèse, le zinc et les terres combinées précédemment à l'acide phosphorique (§ 34).

32. *Alumine.* — Le précipité renfermant l'alumine, le fer et l'acide phosphorique, séparé par filtration et bien lavé, est additionné d'un excès de soude caustique et porté à l'ébullition. On décèle

l'alumine dans la liqueur alcaline filtrée par l'acide chlorhydrique et l'ammoniaque (1) (§ 16).

33. *Acide phosphorique.* — On dissout dans l'acide chlorhydrique le reste du précipité insoluble dans la soude obtenu au § 31 ; on neutralise cette solution chlorhydrique par l'ammoniaque et on ajoute un excès de sulfhydrate d'ammoniaque. On filtre et on ajoute à la liqueur du chlorhydrate d'ammoniaque, de l'ammoniaque et du sulfate de magnésie ; on précipite ainsi l'acide phosphorique.

34. *Manganèse, zinc, baryum, strontium, calcium, magnésium.* — La liqueur d'où on a séparé par filtration le précipité obtenu par le perchlorure de fer et l'acétate de soude est traitée par l'ammoniaque, le chlorhydrate d'ammoniaque et le sulfhydrate d'ammoniaque ; on précipite ainsi le sulfure

---

(1) Si la solution renferme l'alumine et un phosphate, il peut se former dans la précipitation par le sulfhydrate d'ammoniaque du phosphate d'alumine $PhO^4 Al$ qui, en présence du perchlorure de fer dans l'essai § 31, ne subit aucune transformation. Alors dans le traitement du précipité par la soude § 32, ce n'est pas l'alumine $Al(OH)^3$ qui se dissout, mais le phosphate d'alumine qui, par l'addition d'acide chlorhydrique et d'ammoniaque se précipite de nouveau sous le même état. Pour reconnaître dans ce cas l'acide phosphorique, on dissout dans l'acide tartrique le précipité qui se forme en traitant la solution dans la soude caustique successivement par l'acide chlorhydrique et l'ammoniaque ; on sature cette solution par un excès d'ammoniaque, puis on ajoute du chlorhydrate d'ammoniaque et du sulfate de magnésie. On obtient un précipité de phosphate-ammoniaco-magnésien.

de zinc et le sulfure de manganèse. On traite une portion du précipité pour rechercher le manganèse (voir § 23, p. 81) ; le reste du précipité est dissous dans l'acide chlorhydrique, on chasse par l'ébullition l'excès d'hydrogène sulfuré et on traite cette solution d'après le § 14. — **Dans la liqueur filtrée** d'où on a séparé le précipité de sulfure de zinc et de sulfure de manganèse on recherche les terres comme au § 4.

35. Remarque. — *Chrôme et acide phosphorique.* — La séparation de l'acide phosphorique des terres d'après le § 31 n'est possible qu'en l'absence de chrôme ; les sels de chrôme en effet ne sont pas précipités à l'ébullition par l'acétate de soude et empêchent même, en partie ou complètement, la précipitation de l'alumine et du fer par ce réactif. Dans ce cas on sépare les bases par le carbonate de baryte. Mais il faut avant tout essayer si la substance contient de la baryte. Après avoir recherché d'après les § 29 et 30 la présence du fer et de l'acide phosphorique dans la solution chlorhydrique du précipité obtenu avec le sulfhydrate d'ammoniaque, on traite une autre portion de cette solution par le sulfate d'ammoniaque. On précipite ainsi du sulfate de baryum et du sulfate de strontium dans lesquels on décèle ensuite le baryum et le strontium comme au § 6 (ou bien on traite directement la solution chlorhydrique par l'eau de gypse). Au reste de la solution chlorhydrique on ajoute du perchlorure de

fer, s'il n'en existe pas déjà suffisamment dans la liqueur, jusqu'à ce que une goutte de la solution fournisse avec l'ammoniaque un précipité jaune. La liqueur est ensuite ramenée à peu près à sec, le résidu est dissous dans l'eau, on sature avec précaution la plus grande partie des acides libres de cette solution par le carbonate de soude, puis on ajoute un excès de carbonate de baryte. On agite bien et on laisse reposer à froid. On dissout le précipité dans l'acide chlorhydrique, on sépare la baryte par l'acide sulfurique et on traite par l'ammoniaque ; on précipite ainsi l'alumine, l'oxyde de chrôme, le peroxyde de fer et l'acide phosphorique. On traite ce précipité comme au § 32. — La liqueur filtrée, séparée du précipité par le carbonate de baryte, est tout d'abord traitée par l'acide sulfurique qui précipite la baryte dissoute, puis on examine la liqueur d'après le § 34.

CINQUIÈME ET SIXIÈME GROUPES.

36. — La solution aqueuse de la substance est acidulée par un peu d'acide chlorhydrique, puis on étend d'eau cette solution acide. Ensuite, sans tenir compte du précipité (1) qui a pu se former, on ajoute une solution d'hydrogène sulfuré.

---

(1) Les sels de bismuth et d'antimoine sont précipités de leurs solutions acides par addition d'eau à l'état de sels

Si, dans ces conditions, il se forme un précipité, on chauffe la solution et on y fait passer un courant d'hydrogène sulfuré jusqu'à ce que le liquide, même après agitation, conserve l'odeur du réactif et qu'une portion du liquide filtré ne donne plus de précipité par une nouvelle addition d'hydrogène sulfuré.

Si la solution de la substance contient beaucoup d'acide nitrique libre, il ne se forme dans le traitement par l'hydrogène sulfuré qu'un dépôt jaunâtre, laiteux de soufre, avec dégagement de vapeurs nitreuses. On chasse l'acide libre par évaporation et on reprend le

---

basiques. — Les sels d'argent, de plomb, de mercure (mercureux) sont précipités de leurs solutions aqueuses ou acides par addition d'acide chlorhydrique à l'état de chlorure d'argent, de chlorure de plomb, de chlorure mercureux. — On précipite par l'acide chlorhydrique de leurs solutions alcalines, le chlorure d'argent, le chlorure de plomb, le sulfure d'arsenic, le sulfure d'étain.... (par exemple, l'oxyde de plomb dissous dans la soude ; les solutions ammoniacales de chlorure d'argent, de sulfure d'arsenic....). — La solution aqueuse du sel de Schlippe ($Na^3 SbS^4$), traitée par l'acide chlorhydrique, donne un précipité de sulfure d'antimoine ($Sb^2 S^5$) avec dégagement d'hydrogène sulfuré. — Les solutions de cyanures doubles donnent avec l'acide chlorhydrique un précipité de cyanure insoluble avec dégagement d'acide cyanhydrique. — On peut traiter séparément ces précipités, mais comme ceux-ci, dans le traitement par l'hydrogène sulfuré, ne persistent que si les sulfures formés appartiennent aux groupes V et VI, il est inutile de les séparer par filtration et de les examiner séparément. — La silice est également précipitée de ses solutions alcalines par l'acide chlorhydrique. Analyse des silicates voir § 82. — Les cyanures sont examinés d'après le § 87.

résidu par l'eau en étendant suffisamment la solution. S'il se produit par l'addition d'hydrogène sulfuré un précipité blanc ou seulement un trouble laiteux de soufre, cela indique l'absence des métaux des groupes V et VI et la présence des peroxydes de fer ou de chrôme. Dans ce dernier cas, la solution qui était primitivement colorée en jaune rouge passe au violet ou au vert. Sans s'occuper du dépôt de soufre et sans filtrer, on sature le liquide par un excès d'ammoniaque, puis on traite la liqueur par le sulfhydrate d'ammoniaque pour précipiter les métaux des groupes III et IV.

37. — On sépare par filtration les sulfures des métaux des groupes V et VI, on lave à l'eau ce précipité, puis on perce le filtre avec une baguette de verre et on fait tomber avec de l'eau le précipité dans un petit ballon. On laisse le précipité se déposer, on décante l'eau de lavage et on arrose le dépôt avec du sulfhydrate d'ammoniaque jaune $(AzH^4)^2 S^x$. S'il y a un résidu insoluble il est formé par les sulfures des métaux du groupe V. On filtre et on traite la liqueur par un excès d'acide chlorhydrique. Si dans ces conditions il se forme un précipité coloré, cela indique la présence des métaux du groupe VI. (§ 43). Si le précipité obtenu par l'acide chlorhydrique est blanc (soufre) c'est qu'il n'y a pas de métaux du groupe VI.

CINQUIÈME GROUPE.

Hg, Ag, Pb, Bi, Cu, Cd.

38. — La portion du précipité obtenu par l'hydrogène sulfuré, insoluble dans le sulfhydrate d'ammoniaque, après lavage avec le sulfhydrate d'ammoniaque et avec l'eau, est chauffée dans un petit ballon avec de l'acide nitrique étendu (d'une densité de 1,20). Le résidu est du sulfure de mercure HgS, § 39 ; la liqueur filtrée est traitée d'après le § 40.

39. *Mercure*. — Si le résidu insoluble dans l'acide nitrique est noir et lourd, c'est du sulfure de mercure. S'il est blanc ou jaune, c'est seulement du soufre provenant de l'oxydation des sulfures. Si le précipité obtenu avec l'hydrogène sulfuré n'a pas été traité par une quantité suffisante de sulfhydrate d'ammoniaque jaune et si la liqueur renfermait en solution un sel mercureux (Hg^2O), on a un résidu noir de sulfure Hg^2S. Celui-ci, chauffé avec de l'acide nitrique, se dissout en partie, et laisse un résidu blanc ou gris de $Hg(AzO^3)^2\,2\,HgS$. Pour déceler dans ce cas le mercure dans le résidu, on le chauffe avec du carbonate de soude sec (voir Ex: XXVII, page 38).— Un précipité blanc, insoluble dans l'acide nitrique, peut aussi se produire quand la liqueur renferme en solution de l'oxyde de mercure HgO, si on n'a pas employé pour faire la pré-

cipitation une quantité suffisante d'hydrogène sulfuré avant de traiter par le sulfhydrate d'ammoniaque.

Pour caractériser le mercure dans le résidu noir de sulfure de mercure HgS, on chauffe ce précipité séché dans un tube avec du carbonate de soude. Ou bien on le chauffe avec de l'eau régale jusqu'à dissolution complète, ou tant qu'il ne reste plus qu'un résidu blanc ou jaune de soufre. On neutralise la solution acide, filtrée et étendue, avec de la soude jusqu'à formation d'un précipité qu'on dissout dans quelques gouttes d'acide chlorhydrique. Puis on ajoute à la liqueur une solution d'iodure de potassium : on a un précipité rouge d'iodure mercurique. — On peut aussi oxyder le sulfure de mercure par un mélange d'acide chlorhydrique concentré et de chlorate de potasse, on chasse l'excès d'acide et de chlore par évaporation et on ajoute du chlorure d'étain $SnCl^2$; on a un précipité de calomel $Hg^2 Cl^2$ (ou de mercure).

REMARQUE. $Hg^2 O$ et HgO. — La solution primitive de la substance traitée par l'acide chlorhydrique donne, si elle renferme en solution un sel de $Hg^2 O$, un précipité blanc de $Hg^2 Cl^2$; ce précipité traité par l'ammoniaque noircit. On sépare par filtration le précipité de calomel et on ajoute à la liqueur une solution de chlorure d'étain ; si la liqueur renferme en solution un sel de HgO, on a de nouveau un précipité de $Hg^2 Cl^2$. — Il faut remarquer que si la substance est dissoute dans l'acide nitrique ou en présence de corps oxydants (acide chromique, bioxyde de manganèse…) l'oxyde Hg^2O de cette substance se transforme en HgO.

40. *Plomb et argent.* — On ajoute à la solution dans l'acide nitrique des autres métaux de l'acide sulfurique étendu. S'il se forme un précipité (SO^4Pb) on ajoute un excès d'acide sulfurique étendu et on évapore la solution au bain marie de façon à chasser tout l'acide nitrique. On lave le résidu avec de l'eau contenant de l'acide sulfurique et on filtre pour séparer le sulfate de plomb insoluble. Ce précipité donne au chalumeau avec le carbonate de soude un grain métallique mou ; il se dissout dans une solution ammoniacale d'acide tartrique et en est précipité par le bichromate de potasse. — La liqueur, séparée du précipité de sulfate de plomb, est traitée par l'acide chlorhydrique ; on a un précipité de chlorure d'argent. Ce précipité bien lavé doit se dissoudre entièrement dans l'ammoniaque ; il est précipité de nouveau de cette solution par l'addition d'acide nitrique en excès.

41. *Bismuth.* — La liqueur filtrée, séparée du précipité de chlorure d'argent, est saturée par un excès d'ammoniaque ; on a un précipité d'hydrate d'oxyde de bismuth $Bi(OH)^3$. Ce précipité est recueilli sur filtre, lavé et dissous dans un peu d'acide chlorhydrique ; la solution traitée par l'eau donne un précipité d'oxychlorure de bismuth $BiOCl$.

42 *Cuivre et cadmium.* — La liqueur ammoniacale, séparée par filtration du précipité de Bi (OH)³ est colorée en bleu s'il y a du cuivre. Pour séparer le cadmium qui, dans ce cas, peut se trouver en même temps dans la liqueur, on précipite par l'hydrogène sulfuré le cuivre et le cadmium ; on recueille le précipité, on le lave et on le chauffe avec de l'acide sulfurique étendu (1 partie d'acide sulfurique pour 5 parties d'eau). Le sulfure de cuivre reste insoluble et le sulfure de cadmium se dissout ; on le précipite en traitant cette liqueur par l'hydrogène sulfuré. On peut aussi traiter la solution ammoniacale de cuivre et de cadmium par du cyanure de potassium jusqu'à décoloration de la liqueur. On ajoute alors de l'hydrogène sulfuré. On obtient un précipité jaune de sulfure de cadmium (le sulfure de cuivre reste dissous dans le cyanure de potassium). On confirme la présence du cadmium par l'essai du sulfure de cadmium au chalumeau avec du carbonate de soude (voir Ex : XXIV, 1, p. 36). — En l'absence du cuivre, pour précipiter le cadmium, on traite directement la liqueur par le sulfhydrate d'ammoniaque.

SIXIÈME GROUPE.

As, Sb, Sn, Au, Pt.

43. — La solution dans le sulfhydrate d'ammoni-

aque des sulfures des métaux du groupe VI est traitée par l'acide chlorhydrique, jusqu'à réaction acide. S'il n'y a pas dans la liqueur de métaux du groupe VI, on n'obtient qu'un dépôt blanc, laiteux de soufre, provenant de la décomposition par l'acide chlorhydrique du sulfhydrate d'ammoniaque jaune $(AzH^4)^2 S^x$. S'il y a des métaux du groupe VI le précipité est coloré; on chauffe légèrement, on filtre et on lave le précipité.

Le mélange des sulfures des métaux du groupe VI ainsi obtenu est chauffé graduellement avec de l'acide chlorhydrique concentré. On a un résidu insoluble. Ce résidu peut être noir ou jaune. S'il est jaune c'est du sulfure d'arsenic seul (§ 44); s'il est noir ce peut être un mélange de sulfure d'arsenic $As^2 S^5$, de sulfure d'or $Au^2 S^3$ et de sulfure de platine PtS^2 (§ 46); la liqueur filtrée contient l'étain et l'antimoine (§ 47).

44. *Arsenic.* — Le sulfure jaune d'arsenic $As^2 S^5$ [1] est dissous dans l'acide chlorhydrique concentré avec addition de quelques cristaux de chlorate de potasse; la solution est saturée par l'ammoniaque; on y ajoute du chlorhydrate d'ammoniaque et du sulfate de magnésie; on obtient un précipité d'arsé-

---

[1] Traité par le sulfhydrate d'ammoniaque jaune, $(Az H^4)^2 S^x$, le sulfure $As^2 S^3$ se transforme en sulfure $As^2 S^5$.

$$As^2 S^3 + 2 (AzH^4)^2 S^2 + (AzH^4)^2 S = 2 As (AzH^4)^3 S^4$$

$$et \ 2 As (AzH^4)^3 S^4 + 6 HCl = As^2 S^5 + 3 H^2 S + 6 Az H^4 Cl.$$

niate-ammoniaco-magnésien. Pour mettre en évidence la présence de l'arsenic dans ce précipité, on le recueille sur filtre, on le lave et on en arrose une partie avec du nitrate d'argent. Il se colore dans ces conditions en rouge brique : ($AsO^4 Ag^3$).

Le reste du précipité d'arséniate-ammoniaco-magnésien est chauffé avec du cyanure de potassium et du carbonate de soude (§ 45).

45. — On peut aussi mélanger le sulfure d'arsenic[1] lavé et bien séché avec 6 parties d'un mélange fait en parties égales de carbonate de soude sec et de cyanure de potassium ; on chauffe ce mélange avec précaution dans un tube de verre, doucement d'abord pour dessécher complétement le mélange, on enlève l'eau condensée dans le tube avec un morceau de papier joseph et on chauffe enfin fortement. On obtient un anneau noir, métallique, d'arsenic. Si on coupe le tube et si on chauffe cet

---

(1) Dans la calcination du sulfure $As^2 S^5$ avec le mélange de cyanure de potassium et de carbonate de soude, tout l'arsenic n'est pas dégagé à l'état libre ; il se forme en effet un sulfure double de potassium et d'arsenic sur lequel l'excès de cyanure de potassium est sans action. Quand du soufre libre est intimement mélangé au sulfure d'arsenic, comme c'est toujours le cas pour le précipité obtenu au § 43, il y a encore moins d'arsenic mis en liberté. Dans ce cas, on traite ce précipité de sulfure d'arsenic par l'ammoniaque qui dissout seulement le sulfure et laisse insoluble tout le soufre. Cette solution ammoniacale est évaporée à sec et on chauffe le résidu avec le mélange de cyanure de potassium et de carbonate de soude.

anneau en tenant le tube légèrement incliné on perçoit l'odeur d'ail. — Traité de la même façon l'arséniate-ammoniaco-magnésien est aussi réduit par le mélange de cyanure de potassium et de carbonate de soude.

REMARQUE. — $As^2 O^3$ et $As^2 O^5$. — Il n'y a que les sels alcalins de ces deux acides qui soient solubles dans l'eau ; tous les autres sels ne sont solubles que dans les acides. Les acides arsénieux et arsénique peuvent se distinguer par leur action sur les réactifs suivants : un mélange de chlorhydrate d'ammoniaque, d'ammoniaque et de sulfate de magnésie ne précipite que l'acide arsénique ; le nitrate d'argent précipite les deux (voir Ex : XXIX, 9, 12). Les deux sels d'argent se dissolvent dans l'ammoniaque, mais la solution d'arsénite seule donne à chaud un dépôt d'argent métallique. La solution d'acide arsénieux dans un excès de soude donne avec un peu de sulfate de cuivre une solution bleue qui, chauffée, fournit un dépôt rouge d'oxydule de cuivre $Cu^2 O$.

$$As^2 O^3 + 6\, NaOH + 4\, CuO = 2\, Cu^2 O$$
$$+ 2\, AsO^4 Na^3 + 3\, H^2 O.$$

46. *Arsenic*, *platine*, *or*. — Le mélange des trois sulfures est traité par l'ammoniaque ; on filtre, on chasse l'ammoniaque et on obtient un résidu de sulfure d'arsenic $As^2 S^5$ qu'on examine comme au 44. La partie insoluble, mélange de sulfure d'or

et de sulfure de platine, est dissoute à l'ébullition dans l'eau régale. L'attaque terminée, on évapore pour chasser l'excès d'acide puis on reprend par une petite quantité d'eau. On ajoute de l'alcool et on verse alors dans la solution du chlorhydrate d'ammoniaque ou mieux du chlorure de potassium; on a un précipité jaune de chlorure double de platine et d'ammoniaque, $PtCl^4(AzH^4Cl)^2$ ou de $PtCl^4(KCl)^2$, voir Ex. : XL, 3 et 4, p. 58. On filtre ensuite pour séparer le précipité de la liqueur; on chasse par une douce chaleur la majeure partie de l'alcool; on ajoute du sulfate ferreux et on chauffe au bain-marie : on a un précipité d'or métallique (voir Ex. : XXXIX, p. 56.)

47. *Étain et antimoine.* — La solution chlorhydrique est étendue d'eau et l'acide chlorhydrique libre saturé à peu près par de la soude. On place alors dans le liquide faiblement acide une lame de zinc. Si on réduit une portion de la solution par le zinc sur une lame ou dans une capsule de platine, le platine se recouvre d'une tache noire s'il y a de l'antimoine (voir Ex : XXVIII, 9, p. 44). La réduction terminée, on enlève la lame de zinc, on décante la liqueur qui renferme le chlorure de zinc; on lave le dépôt par décantation et on traite ce mélange d'étain et d'antimoine par l'acide chlorhydrique. Le résidu est l'antimoine, insoluble; la solution renferme l'étain. On caractérise l'étain dans la solution par le chlorure mercurique (voir Ex : XXV, 10, p. 38), ou par l'hydrogène sulfuré

(sulfure d'étain SnS brun, voir Ex: XXVII, 7, p. 41). Seulement, dans ce dernier cas, il faut d'abord éliminer par l'acide sulfurique un peu de plomb (provenant du zinc) qui se trouve dans la liqueur. — On dissout le dépôt d'antimoine dans l'eau régale et on précipite cette solution par l'eau ; le précipité d'oxychlorure SbOCl est soluble dans l'acide tartrique et peut être précipité de cette solution par l'hydrogène sulfuré. On peut aussi traiter directement la solution d'antimoine par l'hydrogène sulfuré, mais dans ce cas encore la présence du plomb peut gêner.

48. REMARQUE. — *Degré d'oxydation de l'étain et de l'antimoine.* — On reconnaît un sel de protoxyde d'étain SnO à son action sur le chlorure mercurique ; une solution faiblement acide de bioxyde d'étain versée dans une solution bouillante saturée de sulfate de soude donne un précipité blanc de SnO^2. — Une solution de Sb^2O^5 chauffée avec de l'iodure de potassium et de l'acide chlorhydrique dégage de l'iode.

$$Sb^2O^5 + 4\,KI + 10\,HCl = 4\,I + 4\,KCl + 2\,SbCl^3 + 5\,H^2O.$$

Si on verse du nitrate d'argent dans une solution de Sb^2O^3 dans la soude, on obtient un précipité noir, mélange des oxydes, Ag^4O et Ag^2O. En ajoutant de l'ammoniaque on dissout Ag^2O et il reste Ag^4O d'une couleur noire.

$$Sb^2O^3 + 8\,AzO^3Ag + 8\,NaOH = 2\,Ag^4O + Sb^2O^5 + 8\,AzO^3Na + 4\,H^2O.$$

DEUXIÈME PROCÉDÉ POUR SÉPARER As, Sb, Sn.

. — Au mélange des sulfures des métaux du groupe VI, ne contenant ni or, ni platine, (§ 43) on ajoute de l'acide chlorhydrique concentré et quelques cristaux de chlorate de potasse, puis on chauffe, d'abord modérément, ensuite plus fort jusqu'à ce qu'il ne reste plus non dissous qu'un peu de soufre. On filtre et on sature exactement par de la soude moyennement étendue, puis on ajoute 1/5 du volume d'alcool. On précipite ainsi l'antimoniate de soude SbO^3 Na. (On essaie ce précipité au chalumeau avec le carbonate de soude ou on le dissout dans l'acide chlorhydrique et on réduit cette solution par le zinc dans une capsule de platine). On filtre, on chasse l'alcool de la liqueur par l'ébullition, on acidule ensuite la solution par l'acide tartrique (pour empêcher la précipitation de SnO^2) et on sature par l'ammoniaque. On précipite alors l'arsenic à l'état d'arséniate ammoniaco-magnésien en ajoutant à la liqueur du chlorhydrate d'ammoniaque, de l'ammoniaque et du sulfate de magnésie, (Essai d'après le § 44). Le liquide, séparé par filtration du précipité précédent, est acidulé par l'acide chlorhydrique et, en traitant la liqueur par l'hydrogène sulfuré, on précipite l'étain à l'état de sulfure. (On grille ce précipité dans la flamme d'oxydation du chalumeau et on réduit l'oxyde SnO^2, ainsi obtenu, sur le charbon par le carbonate de soude).

50. — On dissout le mélange des sulfures dans l'acide chlorhydrique concentré en ajoutant quelques cristaux de chlorate de potasse ; on chasse le chlore libre par évaporation et on ajoute à la solution, placée dans un ballon, 10 à 20^{cc} d'une solution de chlorure de fer (préparée en introduisant du fer en excès dans de l'acide chlorhydrique de densité 1.12), puis on verse de l'acide chlorhydrique (densité 1,10) jusqu'à ce que le volume total soit de 150^{cc}. On distille alors le liquide de façon à avoir un résidu de de 30 à 35^{cc} ; s'il y a beaucoup d'arsenic, on ajoute de nouveau 100^{cc} d'acide chlorhydrique (densité 1,10) et on ramène par distillation le volume à 30-35^{cc}. L'arsenic se trouve dans le produit distillé à l'état de chlorure d'arsenic AsCl^3,

$$AsO^4 H^3 + 2 FeCl^2 + 5 HCl = AsCl^3$$
$$+ 2 FeCl^3 + 4 H^2 O.$$

On décèle l'arsenic dans cette liqueur d'après l'Ex. XXIX, 7-9. Le résidu du ballon est traité par l'eau et on précipite ensuite l'étain et l'antimoine par l'hydrogène sulfuré. On sépare ces deux métaux d'après les § 47 et 49.

REMARQUE. — SnO^2 et Sb^{2}O^4. — On a quelquefois à séparer l'étain et l'antimoine mélangés à l'état de SnO^2 et Sb^{2}O^4. C'est le cas qui se présente, par exemple, quand on analyse un bronze ou l'étain impur du commerce et qu'on attaque l'échantillon par l'acide nitrique. Le précipité blanc, mélange de ces deux oxydes hydratés, est bien lavé puis dissous dans l'acide chlorhydrique et traité comme au § 49. Ou bien, après lavage, le précipité est séché, placé dans une nacelle de porcelaine et réduit à chaud dans un courant d'hydrogène pur. On obtient ainsi le mélange des deux métaux qu'on sépare ensuite comme au § 47.

Analyse des combinaisons insolubles dans l'eau et dans les acides.

51. — Appartiennent à cette catégorie :

1° Les sulfates de baryte, de strontiane, de chaux et de plomb.

2° Le chlorure, le bromure, l'iodure d'argent ; le chlorure, le bromure, l'iodure de plomb.

3° Les oxydes calcinés tels que : l'oxyde de chrôme, le peroxyde de fer, l'alumine, le bioxyde d'étain et les minéraux analogues, par exemple, le fer chrômé.

4° Le fluorure de calcium.

5° Le carbone et le soufre.

6° Les silicates.

52. — Si la substance insoluble est noire, on la chauffe sur une lame de platine au chalumeau dans le feu d'oxydation ; le charbon (1) brûle et on a un résidu

____

(1) Le graphite ne brûle qu'à une haute température et dans un courant de gaz oxygène.

blanc. Dans cet essai on peut en même temps reconnaître le soufre à l'odeur de l'acide sulfureux qui se dégage. Dans ce dernier cas on chauffe la substance dans un tube à essai et on voit le soufre se sublimer en gouttelettes brunes, (voir I, 2 p. 59).

53. — Une partie de la substance débarrassée ainsi du carbone et du soufre par la calcination est traitée par le sulfhydrate d'ammoniaque. Si dans ces conditions elle se colore en noir, cela est dû à la présence du plomb ou de l'argent.

Absence du plomb et de l'argent § 54.

Présence du plomb et de l'argent § 55.

On peut aussi reconnaître dans le résidu insoluble le plomb et l'argent par le chalumeau. On reconnaît de la même façon le bioxyde d'étain, l'oxyde de chrôme, la silice. — Pour le fluorure de calcium voir § 64 p. 112.

Pour l'analyse des silicates voir § 82 p. 125.

54. — Quand la substance insoluble ne contient pas de plomb ni d'argent, on la fond avec 4 fois son poids de carbonate de soude dans un creuset de platine à la soufflerie tant que la masse soit en fusion tranquille. On reprend par l'eau la masse fondue ; les acides sont dans la solution à l'état de sels de soude. (On recherche dans cette solution, après l'avoir acidulée, l'acide sulfurique en ajoutant du chlorure de baryum); les bases restent dans le résidu insoluble (baryte, strontiane....)

Après l'avoir lavé avec soin on traite ce résidu

par l'acide chlorydrique et on sépare les bases, alors dissoutes, par les procédés ordinaires. — S'il y a du chrôme, on ajoute vers la fin de la fusion du chlorate de potasse par petites portions, ou bien on fond la substance dans un creuset de porcelaine avec un mélange en parties égales de carbonate de soude et de nitrate de potasse pendant 10 minutes à une température peu élevée. Le produit fondu est dissous dans l'eau et on décèle l'acide chromique dans cette solution en l'acidulant par l'acide acétique et la précipitant ensuite par l'acétate de plomb. L'alumine et le peroxyde de fer calcinés se dissolvent par une ébullition prolongée dans un liquide formé de volumes égaux d'eau et d'acide sulfurique concentré. L'oxyde d'étain calciné n'est pas attaqué dans la fusion avec le carbonate de soude. On le fond dans un creuset en porcelaine avec 6 fois son poids d'un mélange formé en parties égales de carbonate de soude et de soufre. On dissout le produit fondu dans l'eau et en traitant cette solution par l'acide chlorhydrique on précipite le sulfure d'étain SnS^2 qu'on examine d'après le § 43.

55. — *Présence du plomb et de l'argent.* — *a* — On chauffe la substance à plusieurs reprises avec une solution concentrée de tartrate d'ammoniaque dans laquelle le sulfate de plomb et le chlorure de plomb sont solubles. (On met en évidence la présence du plomb dans la liqueur filtrée par l'hydrogène sulfuré, celle du chlore par le nitrate d'argent, celle de l'acide sulfurique par le chlorure de baryum). Le

chlorure d'argent qui se trouve dans le résidu est dissous dans l'ammoniaque. (On constate la présence du chlorure d'argent dans cette solution ammoniacale en la précipitant par l'acide nitrique). Mais, comme le bromure et l'iodure d'argent sont à peine solubles dans l'ammoniaque, on traite le résidu par une solution aqueuse de cyanure de potassium. En traitant cette solution par l'acide nitrique étendu on précipite l'argent qui a été dissous. On fond le précipité de chlorure, de bromure, d'iodure d'argent avec du carbonate de soude dans un creuset de porcelaine, on reprend la masse fondue par l'eau et on recherche dans la solution le chlore, le brome, l'iode § 62. — On peut aussi traiter ce précipité par le zinc et l'acide sulfurique très étendu § 63. — Enfin le résidu insoluble, débarrassé ainsi de l'argent et du plomb est examiné ensuite d'après le § 54.

56. — *b.* — On traite la substance insoluble dans les acides par une solution de bicarbonate de soude CO_3NaH (car le carbonate de soude dissout un peu de plomb) et on abandonne le mélange pendant quelques heures à froid en agitant fréquemment. Alors on filtre, on lave le résidu à l'eau froide et dans la liqueur filtrée on décèle par les procédés ordinaires l'acide chlorhydrique et l'acide sulfurique. Le résidu est traité par l'acide nitrique étendu qui dissout le plomb, le strontium, le calcium, tandis que le sulfate de baryte, le chlorure, le bromure et l'iodure d'argent restent insolubles. On fond le mélange de ces derniers dans un creuset de porcelaine

avec du carbonate de soude et on reprend par l'eau
la masse fondue ; on dissout ainsi l'acide sulfurique,
l'acide chlorhydrique, l'acide bromhydrique, l'acide
iodhydrique. Il reste insoluble le carbonate de baryte et l'argent que l'on sépare par l'acide chlorhydrique. On peut aussi dans ce mélange constater
la présence du sulfate de baryte par l'ébullition avec
le carbonate de soude (voir **Ex. XXXVI**, 3, p. 53);
ou bien on dissout tout d'abord les sels d'argent
dans du cyanure de potassium § 55 et on traite le
sulfate de baryte restant par le carbonate de soude.

C. — RECHERCHE DES ACIDES.

57. — Sont solubles dans l'eau :

1º Tous les nitrates, chlorates, azotites, sulfates,
(excepté les sulfates de baryte, de strontiane, de
chaux et de plomb).

Tous les chlorures (excepté les chlorures d'argent
de mercure, (mercureux), de plomb).

Tous les bromures (excepté les bromures d'argent, de mercure (mercureux), de plomb).

Tous les iodures (excepté les iodures d'argent, de
plomb, de mercure (mercureux) et de cuivre).

Tous les formiates, tous les acétates.

2º Les sels alcalins seulement des acides carbonique, chromique, arsénieux, arsénique, phosphorique, sulfureux, silicique, borique, oxalique.

Tous les autres sels de ces acides (à l'exception des silicates) se dissolvent dans les acides ;

3° Les sulfures, les cyanures simples et doubles des métaux alcalins.

L'acide carbonique, l'hydrogène sulfuré, l'acide sulfureux, l'acide arsénieux, l'acide arsénique, l'acide chromique ont déjà été reconnus en suivant la marche méthodique de l'analyse. L'acide carbonique, l'hydrogène sulfuré, l'acide sulfureux se dégagent quand on traite leurs sels par l'acide chlorhydrique. L'acide carbonique trouble l'eau de chaux, l'hydrogène sulfuré noircit le papier d'acétate de plomb, et l'acide sulfureux noircit un papier imprégné de nitrate mercureux.

Recherche de

$$HCl, — AzO^3H. — SO^4H^2, — PhO^4H^3.$$

58. *Acide sulfurique.* — La solution aqueuse de la substance est acidulée par l'acide chlorhydrique et on y ajoute une solution de chlorure de baryum pour rechercher l'acide sulfurique. Si la solution est acide on la traite directement par le chlorure de baryum. Si la substance renferme de l'argent ou du mercure à l'état de sel mercureux on acidule la solution par l'acide nitrique et on la traite ensuite par le nitrate de baryte.

Acide chlorhydrique. — La solution aqueuse de la substance est acidulée par l'acide nitrique et traitée ensuite par le nitrate d'argent. Le précipité blanc, caséeux de chlorure d'argent doit se dissoudre entièrement dans l'ammoniaque.

Acide nitrique — On mélange quelques gouttes d'une solution de sulfate ferreux avec de l'acide sulfurique concentré et on laisse refroidir ; on verse sur ce mélange la solution aqueuse de la substance; à la surface de séparation des deux liquides, il se forme un anneau brun qui indique la présence de l'acide nitrique, (voir Ex : V, 6, p. 12). — Une réaction très sensible de l'acide nitrique est la suivante : on ajoute à 1^{cc} environ de la solution aqueuse d'un nitrate quelques cristaux de diphénylamine, $AzH (C^6 H^5)^2$, et 1/2 à 1^{cc} environ d'acide sulfurique concentré ; le liquide prend une coloration bleue.

59. — *Acide phosphorique*. — Comme dans les réactions suivantes, l'acide phosphorique ne peut pas être séparé de l'acide arsénique, il faut, si la solution renferme cet acide, commencer par l'éliminer au moyen de l'hydrogène sulfuré.

a. — Si la substance est soluble dans l'eau, ce ne peut être qu'un phosphate alcalin. On ajoute à la solution aqueuse du chlorhydrate d'ammoniaque, de l'ammoniaque et du sulfate de magnésie : on a un précipité de phosphate ammoniaco-magnésien. — Si la solution contient un carbonate alcalin, il faut tout d'abord l'éliminer en traitant la solution par l'acide chlorhydrique ; sans cela on précipite du carbonate de magnésie. On fait donc bouillir la solution acidulée et on ajoute ensuite le chlorhydrate d'ammoniaque, un excès d'ammoniaque et du sulfate de magnésie.

b. — A la solution acide de la substance, on ajoute de l'ammoniaque, jusqu'à formation d'un précipité qu'on dissout dans un peu d'acide acétique; on ajoute alors de l'acétate de soude et une goutte de perchlorure de fer. On a un précipité floconneux, gélatineux, blanc jaunâtre de phosphate de fer. On peut aussi traiter la solution acide de la substance (et de préférence, la solution dans l'acide nitrique), comme au § 30, p. 83. On dissout dans l'ammoniaque le précipité de phospho-molybdate acide d'ammoniaque et on ajoute à cette solution du chlorhydrate d'ammoniaque et du sulfate de magnésie; on précipite ainsi l'acide phosphorique à l'etat de phosphate ammoniaco-magnésien. Le précipité, recueilli sur filtre et arrosé avec une solution de nitrate d'argent, doit se colorer en jaune par la formation de phosphate d'argent.

Recherche des autres acides.

60. — On place une portion de la substance solide dans un tube à essai avec un peu d'acide sulfurique concentré. Si une réaction ne se déclare pas aussitôt on chauffe légèrement et on observe :

1° *Un dégagement de gaz incolore :* l'acide chlorhydrique, l'acide nitrique, l'acide carbonique, l'hydrogène sulfuré, l'acide sulfureux (reconnaissable à son odeur et provenant de la décomposition des sulfites et des hyposulfites): l'acide fluorhydrique (les vapeurs attaquent le verre) ; l'oxyde de carbone (provenant de la décomposition des cyanures ou des acides organiques, l'acide oxalique, l'acide formique…)

2° *Un dégagement de gaz coloré :* jaune brun : brôme. — rouge brun : (vapeurs rutilantes) provenant des azotites, — violet : iode, — jaune vert : chlore, provenant de la décomposition des hypochlorites et des chlorates.

3° *Acides non volatils :* acide phosphorique, acide silicique, acide borique (on ajoute à la substance de l'acide sulfurique et de l'alcool et on enflamme le mélange dans une capsule, voir Ex : VIII, 6, p. 16).

4° *La substance noircit :* c'est un acide organique.

---

61. *Acide iodhydrique et acide bromhydrique.* — HI et HBr. — Pour rechercher l'iode on ajoute à la solution aqueuse de la substance un peu d'acide sulfurique, de façon à rendre la solution acide, de l'empois d'amidon et goutte à goutte du nitrite de potasse ; on a une coloration bleue.— On peut aussi, au lieu d'empois d'amidon, ajouter à la solution du sulfure de carbone ou du benzol et agiter après

l'addition de nitrite de potasse ; le sulfure de carbone (ou le benzol) prend une coloration violette qui est caractéristique de l'iode. — Pour rechercher le brôme, on ajoute à la solution du sulfure de carbone et ensuite goutte à goutte de l'eau de chlore. On agite après chaque addition d'eau de chlore et on voit, s'il y a du brôme, le sulfure de carbone prendre une teinte jaune. S'il y a en même temps de l'iode, le sulfure de carbone prend d'abord une coloration violette due à l'iode mis en liberté. On ajoute dans ce cas goutte à goutte l'eau de chlore jusqu'à ce que la coloration violette disparaisse. En versant ensuite une nouvelle quantité la coloration jaune, due au brôme mis en liberté, se manifeste.

$$KI + Cl = I + KCl$$

$$I + Cl^5 + 3\,H^2O = IO^3\,H + 5\,HCl.$$

62. — *Chlore, brôme, iode.* — On recherche tout d'abord l'iode et le brôme d'après le § 61. Pour déceler le chlore, on ajoute à la solution, qui ne doit contenir que des alcalis, (s'il y avait d'autres métaux, il faudrait tout d'abord les éliminer en faisant bouillir ou en fondant le sel avec du carbonate de soude en excès) du carbonate de soude et du bichromate de potasse ; on évapore à sec et on fond le résidu dans un creuset de porcelaine (il se dégage dans ces conditions des vapeurs d'iode). La masse fondue est coulée hors du creuset, cassée en morceaux et chauffée dans une cornue avec de l'acide sulfu-

rique très concentré en excès. Il passe dans le récipient qu'on tient bien refroidi des gouttes huileuses brun foncé d'anhydrique chloro-chromique, CrO^2Cl^2, ainsi que le brôme et l'iode. On ajoute alors avec précaution de l'eau dans le récipient, ou bien on recueille directement les vapeurs rouges dans de l'eau et, dans cette solution, on recherche le chrôme (de préférence en chauffant avec de l'alcool et précipitant ensuite par l'ammoniaque ; voir Ex : XV,9 et 11, p. 24). Ou bien, on ajoute à la solution aqueuse du produit distillé de l'ammoniaque jusqu'à réaction alcaline, on acidule par l'acide acétique et on verse de l'acétate de plomb. On obtient un précipité jaune de chromate de plomb. Si la solution contient du chrôme, on en conclut que la substance examinée contenait du chlore.

$$\text{I.} \quad 6\,KI\ (ou\ KBr) + Cr^2O^7K^2 + 7\,SO^4H^2$$
$$= 6\,I\ (ou\ Br) + 3\,SO^4K^2 + 2\,(SO^4)^2\,KCr + 3\,H^2O$$

$$\text{II.} \quad 4\,NaCl + Cr^2O^7K^2 + 3\,SO^4H^2 = 2\,(CrO^2Cl^2)$$
$$+ SO^4K^2 + 2\,SO^4Na^2 + 3\,H^2O$$

$$\text{et} \quad CrO^2Cl^2 + H^2O = 2\,HCl + CrO^3.$$

63. — *Chlorure, bromure, iodure d'argent.* — Le bromure d'argent est d'une couleur jaune clair, il est peu soluble dans l'ammoniaque (ou le carbonate d'ammoniaque) ; l'iodure d'argent est jaune et presque insoluble dans l'ammoniaque et le carbonate d'ammoniaque. Si on précipite par le nitrate d'argent en excès une solution contenant du chlore, du brôme et de l'iode, et si on traite le précipité par l'ammoniaque ou mieux le carbonate neutre d'ammoniaque, on ne dissout que le chlorure d'argent et un peu de bromure d'argent. La solution ammoniacale traitée par l'acide nitrique donne un précipité de chlorure d'argent contenant un peu de bromure. Dans ce traitement du précipité par l'ammoniaque, l'iodure d'argent devient blanc en fixant de l'ammoniaque.

Pour reconnaître, quand ils sont mélangés, le chlorure, le bromure et l'iodure d'argent, on traite le mélange, préablement fondu, par de l'acide sulfurique étendu et on ajoute de la grenaille de zinc. Après vingt-quatre heures, on décante la liqueur, on lave bien le résidu avec de l'eau et on fait bouillir cette liqueur avec un excès de carbonate de soude. Le liquide filtré pour séparer le carbonate de zinc contient du chlorure, du bromure, et de l'iodure de sodium qu'on examine comme au § 62.

64. *Acide fluorhydrique.* HFl. — On chauffe la substance pulvérisée avec de l'acide sulfurique concentré dans un tube à essai sec. Les vapeurs d'acide fluorhydrique qui se dégagent rendent les parois du tube opaques — Il est préférable de mélanger dans un creuset de platine la substance finement pulvérisée avec de l'acide sulfurique concentré, de façon à former une bouillie épaisse. On place sur le creuset un verre de montre dont on enduit

le côté convexe d'une couche de cire sur laquelle on trace quelques lettres. On chauffe légèrement en mettant un peu d'eau dans la partie concave du verre de montre. Quelque temps après on retire le verre, on enlève la plus grande partie de la cire en le frottant, après l'avoir chauffé, avec un morceau de papier joseph ; on le nettoie ensuite complètement avec de l'alcool. S'il y a du fluor dans la substance, les lettres sont nettement gravées dans le verre. (voir § 85, p. 126).

65. *Acide hydrofluosilicique.* $2\,HFl.\,SiFl^4$. — Tous les sels de cet acide à l'exception des sels de potasse, de soude et de baryte sont solubles dans l'eau. Chauffés avec de l'acide sulfurique concentré tous les fluosilicates fournissent un dégagement de fluorure de silicium $SiFl^4$ mélangé à de l'acide fluorhydrique qui attaque les parois du tube. Le sel sec chauffé dans un tube à essai dégage du fluorure de silicium, et, si on fait arriver ce gaz dans l'eau, il se produit un précipité gélatineux de silice (voir § 85, p. 126). Chauffés avec de l'alcali en excès, les fluosilicates métalliques se transforment en silice et florures alcalins. Fondus avec du carbonate de soude, ils se transforment en fluorure de sodium et silicate de soude. Au chalumeau avec le sel de phosphore ils ne donnent pas de squelette de silice, parce que tout le silicium se dégage à l'état de fluorure de silicium.

66. *Acide sulfureux et hyposulfureux.* — Les sulfites

et les hyposulfites chauffés avec de l'acide sulfurique dégagent de l'acide sulfureux, reconnaissable
à son odeur et à son action sur le papier de nitrate
mercureux ; ce papier prend une teinte noire
due au mercure réduit. Mais il noircit également par l'hydrogène sulfuré ; il est donc nécessaire de faire un nouvel essai avec un papier
trempé dans une solution d'acétate de plomb. Ce
dernier est norci par l'hydrogène sulfuré et non
par l'acide sulfureux.

Acide sulfureux. — La solution aqueuse de sul-
fite alcalin est acidulée faiblement par l'acide acétique ; on ajoute alors du sulfate de zinc et un peu
de nitroprussiate de soude ; le liquide prend une
teinte rougeâtre. La coloration apparaît plus nettement si on ajoute du prussiate jaune . En présence
d'une grande quantité d'acide sulfureux, on a un
précipité couleur pourpre.

Pour découvrir des traces d'acide sulfureux ou
d'hyposulfite, on place une lame d'aluminium ou de
zinc pur dans un peu d'acide chlorhydrique ou d'acide
sulfurique et on ajoute la substance. On a dans ces
conditions un dégagement d'hydrogène sulfuré
qu'on reconnaît à son action sur le papier d'acétate
de plomb.

Acide hyposulfureux. $S^2 O^3 H^2$. — Les sels de
cet acide, excepté le sel de baryum et le sel de
plomb, sont solubles dans l'eau ; la plupart des sels
doubles sont également solubles. Leurs réactions

avec l'acide chlorhydrique et l'acétate de plomb sont caractéristiques. (voir Ex : XXXIII, 2 et 3 , p. 49).

Sulfures, hyposulfites, sulfites. — Lorsqu'on a le mélange des sels alcalins de ces acides, on élimine tout d'abord l'hydrogène sulfuré par le sulfate de zinc. On filtre une portion de la liqueur pour séparer le sulfure de zinc et on traite le liquide filtré par l'acide chlorhydrique ; on reconnaît au dépôt de soufre l'acide hyposulfureux. Dans l'autre partie du liquide on recherche l'acide sulfureux par le nitroprussiate de soude.

67. *Acide chlorique.* ClO^3H. — On reconnaît les chlorates à la façon dont ils se comportent dans le tube et sur le charbon, à leur action sur l'acide sulfurique concentré et à leur réaction caractéristique sur l'indigo et l'acide sulfureux, (voir Ex : XXX, 7 p. 46).

Acide chlorique et acide azotique. — On reconnaît les chlorates, en présence des nitrates, à leur action sur l'indigo et l'acide sulfureux. Après calcination d'un mélange de nitrate et de chlorate, il reste dans le résidu un chlorure métallique. Le résidu de cette calcination est dissous dans l'eau : la solution acidulée par l'acide nitrique est traitée par le nitrate d'argent; on a un précipité de chlorure d'argent. Pour déceler l'acide nitrique, on ajoute à la substance un excès de soude caustique et on plonge dans la liqueur une lame d'aluminium ou un mélange composé de 3 parties de limaille de fer et de

2 parties de limaille de zinc. Il se forme de l'ammoniaque , (voir Ex : V, 9, p. 13).

68. *Acide hypochloreux*. ClOH. (Chlorure de chaux, eau de javelle). — Ces sels sentent le chlore, décolorent l'indigo et le tournesol. L'acide sulfurique met le chlore en liberté.

$$CaOCl^2 + SO^4H^2 = Cl^2 + SO^4Ca + H^2O.$$

Par l'addition de sulfate de manganèse il se forme un précipité brun de bioxyde de manganèse.

$$CaOCl^2 + SO^4Mn + H^2O = MnO^2$$
$$+ SO^4Ca + 2 HCl.$$

Chlorure de chaux

Chauffé, l'hypochlorite de chaux sec dégage de l'oxygène. On délaye de l'hypochlorite de chaux dans de l'eau et on chauffe la bouillie ainsi obtenue après y avoir ajouté une goutte de nitrate de cobalt ; on obtient un dégagement d'oxygène.

Acide azoteux. — Les nitrites traités par l'acide sulfurique concentré dégagent des vapeurs rousses (Az^2O^3). L'acide sulfurique étendu donne seulement un dégagement de bioxyde d'azote qui, absorbant l'oxygène de l'air, se transforme aussi en vapeurs rousses. A la solution aqueuse de la substance acidulée par l'acide sulfurique, on ajoute de l'empois d'amidon et de l'iodure de potassium ; on obtient une coloration bleue s'il y a un nitrite. — Une solution aqueuse de sulfate ferreux brunit si on y ajoute une solution de nitrite, même sans addition d'acide sulfurique (caractère qui distingue les nitrites des nitrates).

$$3\,AzO^2K + SO^4Fe = 2\,AzO + AzO^3K$$
$$+ SO^4K^2 + FeO.$$

L'acide nitreux se distingue aussi de l'acide nitrique par son pouvoir réducteur. Une solution de chlorure d'or ou de nitrate mercureux, traitée par un nitrite, donne un précipité de métal réduit (or ou mercure). Dans une solution étendue de nitrite on verse goutte à goutte une solution de caméléon (permanganate de potasse MnO^4K) ; la liqueur se décolore dès qu'on y ajoute un peu d'acide sulfurique étendu.

La métaphénylénediamine $C^6H^4(AzH^2)^2$ (décolorée par le noir animal), en solution dans l'acide sulfurique étendu, ou dans l'alcool, versée dans une solution de nitrite, colore la liqueur en jaune. (Cette réaction est très sensible.)

Acide borique. Bo^2O^3. — (voir Ex : VIII , 5,6, p. 16).

70. *Acide molybdique* MoO^3. — L'acide molybdique chauffé sur le charbon dans le feu d'oxydation se volatilise. Les molybdates traités par l'acide chlorhydrique ou l'acide nitrique donnent un précipité d'acide molybdique, soluble dans un excès d'acide. Une solution d'acide molybdique acidulée, traitée par l'hydrogène sulfuré, se colore d'abord en bleu, puis peu à peu fournit un précipité de sulfure de

molybdène MoS³, soluble dans le sulfhydrate d'ammoniaque. A la solution chlorhydrique d'acide molybdique on ajoute du zinc ; la liqueur se colore d'abord en bleu, puis en vert et enfin en brun noir. On ajoute à une solution d'acide molybdique du sulfocyanure de potassium, un peu d'acide chlorhydrique et du zinc ; la solution se colore en rouge carmin ; si alors on agite la liqueur avec de l'éther, celui-ci se colore en rouge. On chauffe sur une lame de platine légèrement concave l'acide molybdique, un molybdate alcalin ou terreux, avec un peu d'acide sulfurique concentré jusqu'au moment où il se dégage d'épaisses fumées d'acide sulfurique ; on laisse refroidir, on souffle sur la lame de platine ; l'acide sulfurique se colore en bleu.

Acide molybdique et acide phosphorique. — (voir p. 83 et 107.)

Acide tungstique. WO³ ou TuO³. — L'acide tungstique se volatilise très difficilement. Il est précipité de la solution de ses sels par l'acide chlorhydrique et l'acide nitrique ; le précipité incolore est insoluble dans un excès d'acide. Par une longue ébullition avec les acides, il se deshydrate et prend une coloration jaune. Une solution d'acide tungstique acidulée ne précipite que très lentement par l'hydrogène sulfuré. Mais, si on ajoute à la solution de l'ammoniaque, du sulfhydrate d'ammoniaque et ensuite de l'acide, on obtient un précipité brun de sulfure de tugstène WS³. A une solution d'acide tungtique, additionnée d'acide chlorhydrique (ou mieux d'acide phosphorique), on ajoute du zinc ; la liqueur se colore en bleu. Dans la solution d'un tungstate alcalin on verse du chlorure d'étain; on obtient un précipité jaune qui, chauffé avec un peu d'acide chlorhydrique, devient bleu.

Acides organiques.

Tous les sels des acides organiques, à l'exception des oxalates, noircissent à la calcination.

71. — Pour la recherche des acides organiques (de même que pour la recherche des acides en général) il est plus avantageux de n'avoir dans la solution, comme bases, que des alcalis. S'il y a d'autres métaux, on chauffe la substance (soluble dans l'eau ou seulement dans les acides) avec un excès de carbonate de soude. La liqueur filtrée contient alors tous les acides. S'il est nécessaire, on concentre par évaporation la solution alcaline ainsi obtenue, puis on l'acidule faiblement par l'acide chlorhydrique pour décomposer l'excès de carbonate de soude ; on chauffe légèrement pour chasser l'acide carbonique dissous, on ajoute de l'ammoniaque jusqu'à réaction alcaline puis un excès de chlorure de calcium. Au bout de 15 à 20 minutes on filtre pour séparer le précipité d'oxalate de chaux et de tartrate de chaux, le précipité est traité suivant le § 72, la liqueur filtrée suivant le § 73.

72· — Le précipité, mélange d'oxalate de chaux et de tartrate de chaux, recueilli sur filtre est lavé et traité par la soude à la température ordinaire. Le tartrate de chaux se dissout ; on filtre ; la solution alcaline étendue, portée à l'ébullition, précipite de nouveau. L'oxalate de chaux reste insoluble.

73. — La liqueur séparée par filtration des sels de chaux précipités est soumise pendant quelque temps à l'ébullition. Il se forme dans ces conditions un précipité de citrate de chaux. $(C^6 H^5 O^7)^2 Ca^3$. On filtre bouillant (la liqueur filtrée est traitée suivant le § 74); le précipité recuilli sur filtre doit se dissoudre dans l'acide chlorhydrique et, après saturation par un excès d'ammoniaque, se précipiter de nouveau si on porte la solution à l'ébullition.

74. — On ajoute à la liqueur, séparée du précipité de citrate de chaux, trois fois son volume d'alcool. Il se précipite du succinate de chaux $C^4 H^4 O^4 Ca$; ce précipité est recueilli sur filtre et lavé avec de l'alcool. La solution aqueuse de ce précipité donne avec le perchlorure de fer un précipité brun de $C^4 H^4 O^4$. Fe (OH).

75. *Acide formique et acide acétique.* — En présence d'acides non volatils on distille la substance avec de l'acide sulfurique étendu. Le liquide distillé est neutralisé par le carbonate de soude puis évaporé à sec. On chauffe une portion du résidu dans un tube à essai avec de l'anhydride arsénieux sec. S'il y a de l'acide acétique, on perçoit l'odeur

du cacodyle. Ou bien on essaie ce résidu avec de l'alcool et de l'acide sulfurique (voir Ex : XXXVIII 4 p. 55). On dissout l'autre portion dans l'eau, on ajoute du nitrate d'argent et on fait bouillir ; un précipité noir d'argent métallique indique la présence de l'acide formique.

76. — *Acide oxalique* $C^2 O^4 H^2$. — La solution aqueuse d'un oxalate alcalin, acidulée par l'acide acétique, donne par addition de chlorure de calcium un précipité d'oxalate de chaux (voir Ex. X, 8 p. 19). Si on a un autre oxalate, on le décompose à l'ébullition par du carbonate de soude (par l'hydrogène sulfuré ou le sulfhydrate d'ammoniaque) et on essaie ensuite la liqueur de la même manière. — Ensuite, comme réactions caractéristiques, on a celle avec l'acide sulfurique concentré et celle avec le bioxyde de manganèse et l'acide sulfurique étendu (voir Ex : XXXII, 2, 5. p. 48).

77. *Acide tartrique*. $C^4 H^6 O^8$. — La solution concentrée neutre d'un tartrate est acidulée par l'acide acétique, puis on y ajoute de l'acétate de potasse. Si la solution du tartrate est acide, on y ajoute de suite l'acétate de potasse. Dans les deux cas, on a un précipité de crême de tartre, $C^4 H^4 O^6 KH$.

78 *Acide citrique* $C^6 H^5 O^7 H^3$. — On ajoute à la solution d'acide citrique libre de l'eau de chaux jusqu'à réaction alcaline et on fait bouillir ; on obtient un précipité de citrate de chaux, $(C^6 H^5 O^7)^2 Ca^3$, qui se redissout par refroidissement. En faisant digérer de l'acide citrique ou un citrate alcalin avec de

l'acétate de baryte, on précipite à l'état amorphe du citrate de baryte $(C^6 H^5 O^7)^2 Ba^3$ qui devient cristallin si on le laisse plus longtemps en digestion.

79 *Acide succinique* $C^4 H^4 O^4 H^2$. — Le succinate de chaux et le succinate de baryte sont solubles dans l'eau, mais insolubles dans l'alcool. — On recueille sur un filtre le précipité brun de $C^4 H^4 O^4$. FeOH, obtenu en traitant la solution neutre d'un succinate par le perchlorure de fer ; on lave ce précipité et on le traite dans un tube à essai par un peu d'ammoniaque ; il se forme un précipité d'hydrate de peroxyde de fer et la solution ammoniacale filtrée, traitée par le chlorure de baryum et la quantité suffisante d'alcool, donne un précipité de succinate de baryte.

80. *Acide acétique* $C^2 H^4 O^2$. — Réaction des acétates avec l'acide sulfurique concentré et l'alcool. (voir Ex : XXXVIII, 3-4 ; p. 55).

— Le perchlorure de fer produit dans la solution neutre d'un acétate alcalin une coloration rouge qui disparaît à l'ébullition avec formation d'un précipité brun d'acétate ferrique basique. — L'acétate d'argent est peu soluble dans l'eau froide, mais plus soluble à chaud. — Si on chauffe de l'acétate de soude sec avec de l'anhydride arsénieux sec on perçoit l'odeur pénétrante du cacodyle qui se dégage $(CH^3)^2 As$.

81. *Acide formique.* $CHO^2 H$. — Chauffés avec de l'acide sulfurique étendu, les formiates dégagent

de l'acide formique reconnaissable à son odeur. — Les formiates chauffés avec de l'alcool et de l'acide sulfurique concentré donnent de l'éther formique $CHO^2 C^2 H^5$ qui a une odeur de rhum. — Les formiates secs chauffés avec de l'acide sulfurique concentré dégagent de l'oxyde de carbone

$$CHO^2 H = H^2 O + CO.$$

Le nitrate d'argent donne dans les solutions aqueuses des formiates un précipité blanc de formiate d'argent $CHO^2.Ag$, qui se décompose à l'ébullition en donnant un dépôt noir d'argent.

$$2\,CHO^2Ag = 2\,Ag + CO^2 + CHO^2 H.$$

S'il y a de l'ammoniaque libre dans la liqueur, la réduction du sel d'argent ne se fait pas. — Si on chauffe de l'acide formique ou un formiate alcalin avec une solution de sublimé, il se précipite du calomel.

$$CHO^2 H + 2\,HgCl^2 = Hg^2 Cl^2 + CO^2 + 2\,HCl.$$

L'acide formique donne avec le perchlorure de fer une réaction analogue à celle de l'acide acétique.

Acide formique et acide acétique — On reconnaît dans un mélange des deux sels, l'acide acétique à la réaction qui donne le cacodyle et l'acide formique à ses réactions sur le sublimé et le nitrate d'argent. — Le formiate de plomb est peu soluble dans l'eau, insoluble dans l'alcool; l'acétate de plomb est soluble dans l'eau et dans l'alcool.

Acide salicylique. — $C^6 H^4 OH.COOH$. — Si à une solution d'acide salicylique ou d'un salicylate on ajoute une goutte de perchlorure de fer, on obtient une coloration violette intense. Cette réaction est très-sensible mais elle n'est pas caractéristique de l'acide salicylique ; certains acides organiques et en général tous les phénols et les corps qui possèdent la fonction phénolique donnent avec le perchlorure de fer une coloration analogue. — On prend une solution de sulfate de cuivre dans un tube, on ajoute de l'acide salicylique ou du salicylate de soude et on chauffe ; la liqueur prend une coloration vert-émeraude intense. L'addition d'acide sulfurique rend à la solution sa coloration bleue primitive.

Pour rechercher l'acide salicylique dans les liquides complexes tels que le vin, la bière, le lait, l'urine, etc..., on les acidule d'abord par l'acide chlorhydrique, puis on les agite avec un dissolvant approprié, l'éther, par exemple, qui s'empare de l'acide salicylique ; l'éther est décanté, chassé à une douce chaleur et dans le résidu on recherche l'acide salicylique au moyen des réactions précédentes.

Analyse des silicates

On reconnaît la présence de la silice à l'examen préalable par la perle avec le sel de phosphore (voir Ex : XXXI, 3, p. 48.)

Les silicates se partagent en deux groupes ; ceux

qui sont attaqués par les acides minéraux et ceux qui ne le sont pas.

SILICATES DÉCOMPOSÉS PAR LES ACIDES.

SILICATE DE SOUDE, ZÉOLITHE, SCORIES VOLCANIQUES.

82. — On chauffe la substance finement pulvérisée avec de l'acide chlorhydrique concentré en remuant constamment; on étend d'eau puis on évapore à sec. Le résidu sec est arrosé avec de l'acide chlorhydrique concentré, chauffé et repris par l'eau ; on porte à l'ébullition et on filtre pour séparer la silice. Toutes les bases sont dans la liqueur et on les recherche par la méthode ordinaire. La silice pure doit se dissoudre sans résidu dans une solution de carbonate de soude après une longue ébullition. (voir § 86.)

SILICATES INDÉCOMPOSABLES PAR LES ACIDES.

83. *a. Séparation de la silice.* — Le silicate, finement pulvérisé, est mélangé avec 4 fois son poids de carbonate de soude sec et ce mélange fondu à la soufflerie dans un creuset de platine jusqu'à ce que la masse soit en fusion tranquille. On traite cette masse fondue par l'acide chlorhydrique et, sans filtrer, on ramène à sec la solution acide. Le résidu sec est humecté avec de l'acide chlorhydrique concentré (pour transformer, en chauffant avec l'acide, l'oxychlorure insoluble qui s'y trouve en chlorure soluble) et traité ensuite comme au § 82.

84. — *b.* — *Recherche des alcalis.* On fait un mélange intime de 1 partie du silicate avec 5 parties de fluorure de calcium. On introduit ce mélange dans un creuset de platine et on ajoute de l'acide sulfurique concentré de façon à en faire une bouillie épaisse. Le mélange est chauffé d'abord faiblement, puis plus fort, de façon à chasser l'excès d'acide sulfurique. On fait bouillir à plusieurs reprises avec de l'eau la masse sèche ainsi obtenue ; on filtre, on élimine l'acide sulfurique qui est en dissolution dans la liqueur par le chlorure de baryum et, sans filtrer, on ajoute du lait de chaux jusqu'à réaction alcaline. On porte à l'ébullition, on filtre et on précipite la chaux et la baryte dissoutes par addition d'ammoniaque et de carbonate d'ammoniaque, puis on soumet la liqueur au traitement indiqué dans la marche générale. (voir § 8, p. 72).

85. *Acide fluorhydrique.* — Les silicates contenant du fluor chauffés avec de l'acide sulfurique concentré dégagent du fluorure de silicium, $SiFl^4$, gaz qui n'attaque pas le verre. Mais si on place une baguette de verre trempée dans l'eau au-dessus du mélange, la goutte d'eau qui se trouve à l'extrémité de la baguette se couvre d'une couche de silice. Il est préférable de mélanger la substance desséchée, finement pulvérisée, avec un mélange composé de volumes égaux d'acide sulfurique ordinaire et d'acide sulfurique fumant. On introduit le mélange dans un petit ballon muni d'un tube de dégagement bien sec. On chauffe d'abord légèrement et ensuite plus fort, jusqu'à ce

que l'acide sulfurique commence à dégager des vapeurs. Le gaz produit est recueilli dans un tube à essai contenant de l'eau. Le dégagement terminé on sature le liquide par l'ammoniaque, on chauffe, on filtre pour séparer la silice et on évapore au bain-marie (dans une capsule de platine) le liquide filtré. Le résidu sec est traité comme au § 64. — On fond le silicate avec du carbonate de soude comme au § 83, mais on traite la masse fondue par l'eau. La solution aqueuse contient tous les acides de la substance (acide borique, acide fluorhydrique, acide silicique, acide titanique......). On sature exactement cette solution par l'acide chlorhydrique (il faut éviter un excès d'acide chlorhydrique, car le fluorure de calcium est un peu soluble dans les sels ammonicaux et surtout dans le fluorure d'ammonium AzH^4Fl.) On porte à l'ébullition pour chasser l'acide carbonique dissous et on ajoute ensuite de l'ammoniaque jusqu'à réaction alcaline. On filtre pour séparer le précipité de silice, d'alumine... ... et on précipite ensuite l'acide fluorhydrique à l'état de fluorure de calcium en ajoutant à la liqueur du chlorure de calcium ; ce précipité est essayé comme au § 64. — Le fluorure de calcium n'est pas décomposé dans la fusion avec le carbonate de soude. mais en présence de la silice il est attaqué.

86. *Acide titanique*. TiO^2. — L'acide titanique qui existe dans les silicates est séparé dans l'analyse en partie avec la silice, en partie avec le peroxyde de fer et l'alumine.

a. — *Acide titanique et silice* (SO^4 Ba, SO^4 Sr, $Al^2 O^3$.....). — La silice contenant de l'acide titanique est chauffée avec de l'acide sulfurique concentré jusqu'à ce qu'une partie de l'acide sulfurique se soit volatilisée ; puis, après refroidissement, on verse la masse goutte à goutte dans beaucoup d'eau, pour éviter un trop grand échauffement. On filtre, on sature par la soude la plus grande partie de l'acide libre de la liqueur et on chauffe quelque temps la solution encore acide. On obtient ainsi un précipité d'acide titanique. — On peut aussi attaquer à plusieurs reprises le mélange de silice et d'acide titanique par l'acide fluorhydrique et l'acide chlorhydrique dans un creuset de platine. S'il y a un résidu, il peut contenir avec l'acide titanique des substances insolubles (sulfate de baryte, alumine, bioxyde d'étain, oxyde de chrôme......) qui, comme le bioxyde d'étain, l'alumine...... ne sont pas attaquées dans la fusion avec le carbonate de soude. On fond ce résidu dans un creuset de platine avec du bisulfate de potasse SO^4 KH ; la masse fondue est reprise par l'eau froide (le sulfate de baryte et le sulfate de strontiane restent insolubles) et on chauffe quelque temps la liqueur filtrée. Il se précipite alors de l'acide titanique, tandis que l'alumine (et souvent une trace d'acide titanique) reste dans la liqueur.

b. — *Acide titanique, alumine, peroxyde de fer*. — Le précipité contenant le peroxyde de fer et l'acide titanique est dissous dans l'acide sulfurique étendu, la solution est saturée à peu près par la soude ; on ajoute à la liqueur encore faiblement acide quelques gouttes d'acide nitrique, on étend d'eau et on chauffe ; il se précipite de l'acide titanique.

L'acide titanique donne avec le sel de phosphore dans la flamme oxydante une perle jaune qui par refroidissement devient incolore. Dans la flamme réductrice on obtient, surtout par l'addition d'amalgame d'étain, une perle jaune à chaud et violette à froid. En présence du fer la perle est rouge ; cependant, en ajoutant une quantité suffisante d'étain, on a aussi fréquemment une perle violette. L'acide titanique peut se reconnaître directement dans les silicates par le chalumeau mais souvent avec difficulté. — Une solution acide d'acide titanique se colore en bleu par l'addition de zinc. L'ammoniaque donne dans cette liqueur un précipité bleu de Ti^2O^3. — Si on traite l'acide titanique précipité par le zinc et l'acide chlorhydrique il se colore en bleu.

Analyse des cyanures.

De tous les cyanures simples, le cyanure de mercure $HgCy^2$ et les cyanures alcalins sont seuls solubles dans l'eau. Tous les cyanures (même le cyanure d'argent) chauffés avec de l'acide chlorhydrique concentré, dégagent de l'acide cyanhydrique, reconnaissable à son odeur ; c'est pourquoi le cyanogène se reconnaît déjà en dissolvant la substance. La solution de quelques cyanures doubles (tels que le prussiate jaune et le prussiate rouge) traitée par l'acide chlorhydrique ne dégage, sous forme d'acide cyanhydrique, qu'une partie du cyanogène qu'elle contient. — Tous les cyanures métalliques à l'exception des cyanures alcalins sont décomposés au rouge.

87. — Dans les cyanures alcalins on recherche le cyanogène comme à l'Ex : XXXVII, 3, p. 53 (1) — Pour déceler de cette façon le cyanogène dans le cyanure de mercure il faut d'abord décomposer celui-ci par l'hydrogène sulfuré. La solution aqueuse de cyanure de mercure traitée par le nitrate d'argent ne donne pas de précipité de cyanure d'argent. — Le cyanure d'argent se décompose à la calcination (propriété qui le distingue du chlorure.

---

(1) L'acide cyanhydrique libre ne donne aucun précipité de bleu de Prusse dans un mélange de sel ferreux et de sel ferrique. Il faut avant tout le transformer en cyanure par addition d'un excès d'alcali :

$$2\,HCy + 2\,NaOH + SO_4Fe = FeCy^2 + SO_4Na^2 + 2\,H^2O$$
et $$FeCy^2 + 4\,NaCy = 4\,NaCy \cdot FeCy^2.$$

La soude précipite en même temps un mélange d'hydrate ferreux et d'hydrate ferrique. En acidulant le liquide par l'acide chlorhydrique, les oxydes se dissolvent et le perchlorure de fer formé réagit alors sur le cyanure jaune. — Dans une solution de perchlorure de fer, le cyanure de potassium produit un précipité d'hydrate ferrique.

$$3\,KCy + FeCl^3 + 3\,H^2O = Fe(OH)^3 + 3\,KCl + 3\,HCy.$$

du bromure et de l'iodure d'argent). — Pour rechercher le cyanogène dans les autres cyanures simples ou doubles, on les distille avec de l'acide chlorhydrique, on sature par la soude le liquide distillé et on traite la liqueur comme à l'Ex : XXXVII,3. — On peut aussi fondre le cyanure séché avec du carbonate de soude dans un creuset de porcelaine, dissoudre la masse fondue dans l'eau et traiter cette solution comme il a été indiqué.

88. — Pour déceler des traces d'acide cyanhydrique libre ou d'un cyanure alcalin on ajoute à la liqueur quelques gouttes de polysulfure d'ammonium $(AzH^4)^2 S^x$ et une goutte de soude caustique. On évapore le liquide à sec au bain-marie avec précaution. On arrose le résidu avec de l'eau et on ajoute une goutte de perchlorure de fer ; on obtient une coloration rouge sang.

$$2 \, CAzH + (AzH^4)^2 \, S^3 = 2 \, (AzH^4 \, CAzS) + H^2 S.$$

89. — Pour les cyanures doubles insolubles dans l'eau (bleu de Prusse......) le moyen le plus simple consiste à les traiter par la soude à l'ébullition. (¹) Le précipité renferme les bases ($Fe^2 \, O^3$......) que l'on analyse par les moyens habituels ; la solution ren-

---

(1) Il faut remarquer que, en présence de corps oxydants, le prussiate jaune se transforme en prussiate rouge, et que, inversement, en présence de corps réducteurs (FeO), le prussiate rouge se transforme en prussiate jaune

ferme du prussiate jaune, du prussiate rouge et naturellement les bases solubles dans la soude (PbO, ZnO, $Al^2 O^3$). Pour la recherche du prussiate il faut d'abord éliminer de la liqueur ces oxydes par l'hydrogène sulfuré. On filtre, on acidule par l'acide chlorhydrique et on fait passer un courant d'hydrogène sulfuré pour précipiter le plomb, etc. On filtre de nouveau et on traite la liqueur par du perchlorure de fer pour constater la présence du prussiate jaune ([1]) Le bleu de Turnbull $3 FeCy^2$. $2 FeCy^3$ (§ 24) traité par la soude se décompose en hydrate ferreux et prussiate rouge.

90. — Si on veut seulement rechercher les métaux combinés au cyanogène on chauffe la substance avec un mélange composé de 3 parties d'acide sulfurique concentré et de 1 partie d'eau jusqu'à ce que l'excès d'acide sulfurique soit volatilisé. On dissout le résidu dans l'acide chlorhydrique et on traite cette solution par les procédés ordinaires. De cette façon on trouve aussi les alcalis qui sont contenus dans certains cyanures doubles insolubles, alcalis qu'on ne peut extraire de ces corps ni par l'eau, ni par les acides étendus.

---

(1) L'hydrogène sulfuré réduit le prussiate rouge en prussiate jaune.

TABLE DES MATIÈRES

TABLEAU DES POIDS ATOMIQUES

(Système périodique de Mendéléeff.)

PREMIÈRE PARTIE.

EXEMPLES.

DEUXIÈME PARTIE.

MARCHE MÉTHODIQUE DE L'ANALYSE.

A. — EXAMEN PRÉALABLE.

Pages

B. — RECHERCHE DES BASES

C. — RECHERCHE DES ACIDES.

Lille Imp. L. Danel.